ERSTE ANLEITUNG

ZUR

QUALITATIVEN CHEMISCHEN ANALYSE.

FÜR STUDIRENDE DER CHEMIE, PHARMACIE
UND MEDICIN.

Von

Dr. REINHART BLOCHMANN,

A. O. PROFESSOR DER CHEMIE AN DER UNIVERSITÄT KÖNIGSBERG I. PR.

MIT DREI TABELLEN.

ZWEITE, VERBESSERTE UND VERMEHRTE AUFLAGE.

LEIPZIG,
VERLAG VON VEIT & COMP.
1892.

Druck von Metzger & Wittig in Leipzig.

Vorwort zur zweiten Auflage.

Die freundliche Aufnahme, welche die erste vor einunddreiviertel Jahren erschienene Auflage gefunden hat, war für die Beibehaltung der ursprünglichen Anordnung des Inhaltes des vorliegenden Werkchens bestimmend. Es sollte eine *erste* Anleitung bleiben, die überall da, wo mit dem praktischen Arbeiten in der qualitativen chemischen Analyse begonnen wird, eine gemeinsame Grundlage zu bieten bestimmt ist.

Der erweiterte Anhang erstreckt sich auf sämmtliche Reagentien, welche die Anleitung berücksichtigt und umfasst: die Zusammensetzung, Bereitung und Concentration der Reagentien, soweit dieselben in Lösung zur Verwendung kommen. Die Reagentien sind das Werkzeug des Analytikers. Auf die Kenntniss der Zusammensetzung der Reagentien und auf die, bei ihrer Einwirkung auf den zu untersuchenden Körper, auftretenden Erscheinungen stützt sich die Ermittelung des Unbekannten. Die Bekanntschaft mit den Reagentien ist daher auch für den Anfänger eine Vorbedingung.

Die am Schluss befindlichen drei Tabellen, welche eine unmittelbare Anleitung zum Arbeiten in knappster Form geben, sind unverändert geblieben. Die erste umfasst die Vorprüfung, Auflösung und Aufschliessung fester Körper. Die Reihenfolge, in welcher die Vorprüfungen anzustellen sind, und die Art ihrer Ausführung ist bestimmt vorgeschrieben, um die frühe Gewöhnung an eine sorgfältige Ausführung der Vorprüfungen anzustreben. Die zweite Tabelle enthält den allgemein üblichen Gang zur Aufsuchung der wichtigsten Basen. Die dritte Tabelle zur Aufsuchung der wichtigsten Säuren berücksichtigt in erster Linie die in Wasser löslichen Verbindungen.

Von einfachen Formeln ist auch in der zweiten Auflage nur die eine Seite der Gleichung gegeben, in den letzten Abschnitten sind sie ganz weggelassen, wohl aber soll der Praktikant durch den Ausdruck „Formel" zum Niederschreiben derselben an den dazu freigelassenen Stellen veranlasst werden.

Königsberg i. Pr., September 1891.

Der Verfasser.

INHALT.

Gang der qualitativen Analyse.

I. Vorprüfung.

II. Auflösung und Aufschliessung fester Körper.

III. Aufsuchung der Basen (Metalloxyde).

Ausführung der Analyse.

IV. Aufsuchung der Säuren.

Anhang.

Gang der qualitativen Analyse.

Die qualitative Analyse umfasst folgende Operationen, welche in der *angegebenen Reihenfolge* vorzunehmen sind:

I. *Vorprüfung.*
II. *Auflösung* oder *Aufschliessung*, wenn der zu untersuchende Körper in fester Form vorliegt.
III. *Aufsuchung der Basen.*
IV. *Aufsuchung der Säuren.*

I. Vorprüfung.

(Analyse auf trockenem Wege.)

Die Vorprüfung hat den Zweck:

1) ein vorläufiges Urtheil über die allgemeine Natur des zu untersuchenden Körpers zu geben und hierdurch die weitere Analyse zu erleichtern, *Zweck der Vorprüfung.*
2) Anhaltspunkte für die Ueberführung unlöslicher Verbindungen in lösliche zu bieten.

Wenn auch die Vorprüfung in vielen Fällen das Vorhandensein gewisser Elemente und Verbindungen den Geübten mit Sicherheit erkennen lässt, so bleibt es in der Regel ungewiss, in welcher näheren Beziehung die gefundenen Bestandtheile zu einander stehen. Das Ergebniss der Vorprüfung ist nur in seltenen Fällen erschöpfend, es hat derselben daher stets die Analyse auf nassem Wege (II, III und IV) zu folgen. Es ist darauf zu achten, dass das Resultat der Analyse mit dem Ergebniss der Vorprüfung in Einklang steht.

Die bei der Vorprüfung fester Körper auszuführenden Operationen sind auf der *ersten Tabelle* zusammengestellt. Besteht der Körper aus grösseren oder kleineren Stücken, so sind dieselben zunächst zu pulverisiren. Befindet sich der zu untersuchende Körper in Lösung, so ist ein Theil der Lösung einzudampfen und der verbleibende Rückstand zur Vorprüfung zu verwenden.

Die Vorprüfung fester Körper ist in der Reihenfolge, wie sie die *erste Tabelle* angiebt, auszuführen.

Vorprüfung bei Anwesenheit von nur einer Base.

Enthält die zu untersuchende Lösung *nur eine* Base, so kann man sich darauf beschränken zu prüfen:

1) wie die Lösung reagirt,

2) ob beim vorsichtigen Verdampfen der Lösung auf Platinblech ein Rückstand hinterbleibt und wie sich dieser Rückstand beim weiteren Erhitzen verhält,

   a) *es verflüchtigen sich:* **Ammonium-, Quecksilbersalze** und **arsenige Säure**;

   b) *es sind leicht schmelzbar ohne Aenderung der Farbe:* die **Kali-** und **Natronsalze**;

   c) *es sind schwer oder unschmelzbar ohne Aenderung der Farbe:* die Salze der **Thonerde** und die meisten Salze der **alkalischen Erden** und der **Magnesia**;

   d) *es färben sich dunkler beim Erhitzen:* die Salze der meisten **Schwermetalle**.

3) ob eine charakteristische Flammenfärbung eintritt, wenn ein Tropfen der Lösung am Oehre eines Platindrahtes in die nichtleuchtende Flamme des Bunsenschen Brenners gebracht wird. (Siehe: Erste Tabelle I, 1, A, a.)

---

1. Flammen-Reactionen.

Flammen-Reactionen.

A) Das Erhitzen des Körpers am Öhre eines Platindrahtes in der nichtleuchtenden Flamme des Bunsenschen[1] *Brenners* dient besonders zur Erkennung der Alkalien und alkalischen Erden, des Antimons, Arsens und einiger Schwermetalle, sowie der Phosphorsäure und Borsäure.

---

[1] **Structur der Flamme des Bunsenschen Brenners.**

Die am Fusse des Brenners befindliche bewegliche Hülse ist so einzustellen, dass im Innern der Flamme die leuchtende Spitze gerade noch sichtbar ist.

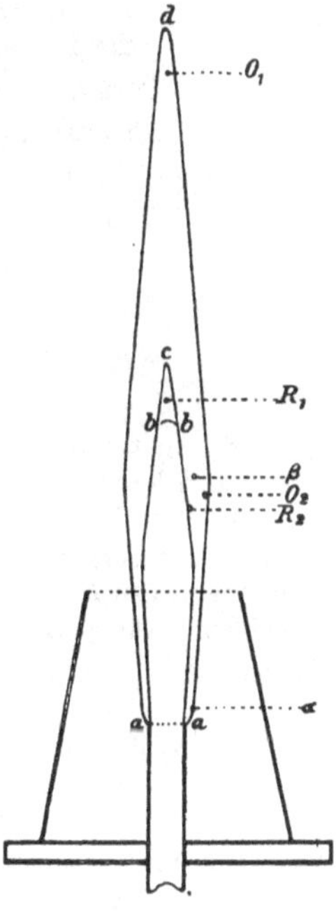

Es bildet sich alsdann in der Brennerröhre eine Mischung von Leuchtgas und Luft, welche auf 2 Vol. Leuchtgas 3 bis 4 Vol. Luft enthält. An der Flamme unterscheidet man:

1) den *inneren dunkeln Gaskegel abba*, welcher unverbranntes Leuchtgas und Luft enthält.
2) die *leuchtende Spitze bcb*, in welcher sich glühender Kohlenstoff befindet.
3) den *Flammenmantel cadac*, welcher ausser Verbrennungsproducten und Stickstoff noch etwa 6 Vol. Proc. brennbare Gase enthält.

Die *Verbrennung des Leuchtgases* findet statt:

erstens in der **inneren** *Verbrennungszone*, welche den inneren Gaskegel *abba* begrenzt, und

zweitens in der **äusseren** *Verbrennungszone*, welche die ganze Flamme als kaum sichtbare Hülle umgiebt.

Die *Temperatur der Flamme* ist an den einzelnen Stellen sehr verschieden, am niedrigsten an der Flammenbasis *aa*, am höchsten zwischen den beiden Verbrennungszonen, etwas unterhalb der

Flammenfärbung.

Man erhitzt:

a) für sich,

b) nach dem Befeuchten mit *Salzsäure* (um Oxyde oder Carbonate in die leichter flüchtigen Chloride überzuführen).

Die Flamme färbt sich bei Gegenwart von:

Kalium . . . . violett.

Bei Anwesenheit von *Natrium* wird die violette Flammenfärbung verdeckt; mit Hilfe des Indigprismas lässt sich jedoch *Kalium* neben *Natrium* erkennen. (Vergl. S. 35.)

Natrium . . . . gelb.

Ein Kaliumbichromatkrystall erscheint dicht an die Flamme gehalten farblos.

Baryum . . . . grün.

Strontium . . . . . . carminroth.

Calcium . . . . gelbroth.

Kupfer . . . . blaugrün.

Blei . . . . }
Arsen . . . . } fahlblau.
Antimon . . . . . . }

---

leuchtenden Spitze bei β (Schmelzraum). Hier gelingt es, Silberdraht zum Schmelzen zu bringen, d. h. den eingeführten Körper auf etwa 1000° C. zu erhitzen.

Die Beschaffenheit der Flamme ermöglicht es, in einzelnen Theilen derselben *Reductions-*, in anderen *Oxydationsvorgänge* zu beobachten. Am geeignetsten ist zur

Oxydation: 1) die *Spitze* der Flamme bei O_1 (oberer Oxydationsraum) oder

2) die *äussere Verbrennungszone* der Flamme, etwas unterhalb der leuchtenden Spite bei O_2 (unterer Oxydationsraum);

Reduction: 1) die *leuchtende Spitze* der Flamme bei R_1 (oberer Reductionsraum),

2) die *innere Verbrennungszone* der Flamme, unterhalb der leuchtenden Spitze bei R_2 (unterer Reductionsraum).

c) nach dem Befeuchten mit *conc. Schwefelsäure* zum Nachweis der *Phosphorsäure* und *Borsäure,* deren Erkennung durch diese *Vorprüfung* wichtig ist.[1] *Nachweis der Phosphorsäure und Borsäure.*

Man bringt den zu untersuchenden Körper unweit der Flammenbasis (bei α) in die Flamme. Die Flammenfärbung hört auf, sobald alle Schwefelsäure verdampft ist, tritt jedoch nach dem Befeuchten mit Schwefelsäure von Neuem auf.

Die Flamme färbt sich bei Gegenwart von

Borsäure . . . . grün,
Phosphorsäure . . . . . fahlgrün.

B) *Das Verhalten des Körpers in der Phosphorsalzperle* dient besonders zur Erkennung von Chrom, Kobalt, Kupfer und einiger anderer Schwermetalle, sowie zur Erkennung von Kieselsäure. *Phosphorsalzperle.*

An dem zu einem Öhre umgebogenen Ende eines dünnen (0,5 mm) Platindrahtes schmilzt man Phosphorsalz zu einer kleinen Perle und bringt hierauf an die erkaltete *klare* und *farblose* Perle ein wenig des zu untersuchenden Körpers und erhitzt

a) *im Reductionsraum,*
b) *im Oxydationsraum*

der Flamme.

Das Phosphorsalz $Na(NH_4)HPO_4$, $4aq$ (Natriumammoniumphosphat) verliert zunächst das Krystallwasser und geht beim weiteren Erhitzen unter Abspaltung von Ammoniak und Wasser in Natriummetaphosphat $NaPO_3$ über, welches in geschmolzenem Zustande eine glasähnliche Beschaffenheit besitzt:

$$Na(NH_4)HPO_4 = NaPO_3 + H_2O + NH_3.$$

Das gebildete Metaphosphat löst die Metalloxyde unter Rückbildung von Orthophosphat auf; aus den Metallsalzen

[1] Weil aus einer Lösung, welche gleichzeitig *Phosphorsäure* und *alkalische Erden* oder *Magnesia* enthält, bereits durch Ammoniak auch bei Anwesenheit von Salmiak, die genannten Basen als Phosphate gefällt werden. (Vergl. S. 40 u. 41.)

wird hierbei die Säure frei. Die Perlen zeigen nach dem Erkalten oft eine *charakteristische Farbe.*

In der Oxydationsflamme entsteht das Oxydsalz, in der Reductionsflamme das Oxydulsalz oder (bei Kupfer) Metall, welches die Perle trübt. Z. B.:

in der Oxydationsflamme
$$\begin{cases} NaPO_3 + CuO = NaCuPO_4 \\ NaPO_3 + CuSO_4 = NaCuPO_4 + SO_3 \\ 3\,NaPO_3 + Fe_2O_3 = Na_3Fe_2(PO_4)_3 \end{cases}$$

in der Reductionsflamme
$$\begin{cases} Na_3Fe_2(PO_4)_3 + C = 2\,NaFePO_4 + NaPO_3 + CO \\ NaCuPO_4 + C = NaPO_3 + Cu + CO. \end{cases}$$

Die Farbe, welche die Perle in der Oxydationsflamme annimmt, ist zuweilen (bei Kupfer, Mangan) verschieden von der Färbung, welche in der Reductionsflamme erhalten wird.

1) Charakteristische Färbungen der Phosphorsalzperlen veranlassen in der

	Reductionsflamme	Oxydationsflamme
Kobalt	blau	blau
Chrom	grün	grün
Kupfer	rothbraun (undurchsichtig)	grünblau
Mangan . . .	farblos	amethystfarben
Eisen	rothbraun (heiss), beim Erkalten wird die Perle heller, gelbbraun, grünlich und schliesslich nahezu farblos (grau).	
Nickel	wie Eisen, die erkaltete Perle ist gelblich.	

Anmerk. Wird die farblose noch heisse Perle einen Augenblick mit einem Salpeterkrystall in Berührung gebracht, so verwandelt sie sich, auch wenn sie nur Spuren einer Manganverbindung enthält, in eine rothe schaumige Masse.

Die übrigen Metalle geben farblose, grau oder braun gefärbte Perlen, die nach dem Erkalten bisweilen trübe oder emailartig erscheinen.

2) *Kieselsäure* und die meisten *Silicate* geben, sowohl in der Reductions-, wie in der Oxydationsflamme, ein *Kieselskelett*. *Nachweis der Kieselsäure.*

Kieselsäure löst sich in der geschmolzenen Perle nicht auf, sondern schwimmt in derselben als scharf begrenzte Masse (Skelett), welche nach dem Erkalten undurchsichtig weiss erscheint. Aus den Silicaten wird die Kieselsäure frei, z. B.:

$$NaPO_3 + CaSiO_3 = NaCaPO_4 + SiO_2.$$

2. Das Erhitzen des Körpers im Glühröhrchen

bezweckt Anhaltspunkte dafür zu gewinnen, ob der zu untersuchende Körper *Erhitzen im Glühröhrchen.*

A) nicht flüchtig,

B) flüchtig ist,

C) oder sich in der Hitze unter Entwickelung flüchtiger Producte zersetzt.

Man bringt ein wenig der Substanz in das *trockene* Glühröhrchen[1] und erhitzt das untere Ende desselben in der Flamme des Bunsenschen Brenners. An den kälteren Stellen des Röhrchens verdichtet sich oft der flüchtige Körper wieder zu Tröpfchen oder einer festen Masse (Sublimat).

Anmerk. Ist der Körper zum Theil flüchtig, zum Theil nicht flüchtig, so sprengt man den Boden des Glühröhrchens ab, nimmt den nicht flüchtigen Rückstand heraus und untersucht ihn nach *A*. Hatte sich ein festes Sublimat angesetzt, so kratzt man es aus dem Röhrchen heraus und prüft es nach *B*.

A) Der Körper ist nicht flüchtig.

Ist der Körper nicht flüchtig, so bringt man etwa eine Federmesserspitze davon auf ein senkrecht zu den Jahresringen geglättetes Stück Holzkohle, welches man zum Aufnehmen der Substanz an dem einen Ende mit *Erhitzen des nicht flüchtigen Körpers vor dem Löthrohr auf Kohle.*

[1] Als Glühröhrchen dienen an einem Ende zugeschmolzene Röhrchen von 4—6 mm Weite und 12—15 cm Länge aus *schwer schmelzbarem* Glase.

einer kleinen Vertiefung versehen hat, und erhitzt den Körper zunächst vorsichtig dann möglichst stark mit der Spitze der Löthrohrflamme. Liegt ein sehr leichter und fein vertheilter Körper vor, welcher bei der Berührung mit der Flamme von der Kohle weggeblasen wird, so ist derselbe mit ein wenig Wasser anzukneten.

Man erhitzt den Körper zunächst

Für sich. *a*) *für sich:*

1) *Verpufft* der Körper, so enthält derselbe eine sauerstoffreiche Säure, wie *Salpetersäure*, *Chlorsäure* u. s. w., deren Sauerstoff sich mit dem glühenden Kohlenstoff unter Feuererscheinung vereinigt, z. B.:

$$2KClO_3 + 3C = 2KCl + 3CO_2$$

NB. Die Erkennung der Chlorsäure durch diese Vorprüfung ist wichtig, weil die Chlorate beim raschen Erhitzen mit concentrirter Schwefelsäure sich explosionsartig zersetzen.

Das *Verpuffen* ist nicht zu verwechseln mit dem *Decrepitiren* (Kochsalz).

2) Bleibt nach starkem Glühen eine *farblose geschmolzene Masse* zurück, die sich oft in die Kohle einzieht, so liegen Salze der *Alkalien* oder Chloride der *alkalischen Erden* Chlormagnesium u. s. w. vor.

3) Hinterlässt *der Körper* eine *weisse ungeschmolzene Masse*, so können Verbindungen der *alkalischen Erden, der Magnesia, der Thonerde; Zinn-* und *Zinkoxyd* (heiss, *gelb*) vorliegen.

4) *Färbt sich der Körper dunkler* beim Erhitzen, so deutet dieses Verhalten auf das Vorhandensein von *Schwermetallen.*

5) Wird der *schwarz* (oder *grau*) gefärbte Körper *weiss* (oder heller) oder verbrennt er vollständig, so ist auf *Kohle* Rücksicht zu nehmen.

Schwefel und Schwefelmetalle verbrennen unter Entwickelung von Schwefliger Säure.

b) mit Kobaltlösung (Kobaltoxydulnitrat) befeuchtet. *Mit Kobaltlösung befeuchtet.*

Blieb nach dem Erhitzen für sich eine *nicht gefärbte* Masse (geschmolzen oder nicht geschmolzen) zurück, so befeuchtet man dieselbe mit einem Tropfen Kobaltlösung und erhitzt von neuem.

Hierbei geben eine Reihe von Basen und Säuren *charakteristisch gefärbte* Gläser oder ungeschmolzene Massen.

1) *Gefärbte Gläser:*

blau: *Phosphorsäure, borsaure, kieselsaure* Alkalien.

2) *Gefärbte unschmelzbare Massen:*

blau bis violett: *Thonerde, Kieselerde, Silicate, phosphorsaure* Erden.

grün: *Zink-, Zinn-, Antimonoxyd.*

fleischroth: *Magnesia.*

grau: *Kalk, Strontian, Baryt.*

c) mit Soda. *Mit Soda.*

Der zu untersuchende Körper wird mit der zwei- bis dreifachen Menge calc. Soda gemischt auf die Kohle gebracht. Hierauf ist das Gemisch mit dem reducirend wirkenden Theil der Löthrohrflamme[1] bis zum Schmelzen zu erhitzen und etwa eine Minute im geschmolzenen Zustande zu erhalten. Bei Gegenwart von Arsensäure tritt hierbei der Geruch nach Knoblauch auf.

Die erkaltete Masse wird von der Kohle abgekratzt, auf eine blanke Silbermünze gelegt und mit einem Tropfen Wasser befeuchtet, um zu beobachten, ob auf der Münze ein *schwarzer* Fleck entsteht (*Heparreaction*). Hierauf wird die Schmelze mit wenig Wasser in einen Achatmörser gespritzt und mit dem Pistill zerrieben.

---

[1] Die Löthrohrflamme hat die gleiche Structur wie die Flamme des Bunsenschen Brenners.

Durch wiederholtes Schlämmen mit Wasser lässt sich reducirtes Metall leicht erkennen und rein erhalten.[1]

Zur weiteren Untersuchung der Metallflitterchen spritzt man dieselben (nach *Bunsen*) auf einen flachen Glasscherben, den man am besten aus einer alten zerbrochenen Kochflache ausgesprengt hat. Nach dem Abgiessen und Aufsaugen des Wassers mit Fliesspapier trocknet man die Metalltheilchen durch mässiges Erwärmen und fügt hierauf die erforderlichen Reagentien tropfenweise mit Hilfe eines Capillarfadens hinzu.

Beim Erhitzen mit Soda werden die Verbindungen der meisten Schwermetalle zu regulinischem Metall reducirt. Die schmelzende Soda entzieht unter Freiwerden der Kohlensäure

---

[1] Die Reduction der Metallsalze sowie die Heparreaction lässt sich auch sehr elegant am Kohlenstäbchen in folgender Weise nach *Bunsen* ausführen:

Man nähert der Flamme des Bunsenschen Brenners seitlich einen nicht verwitterten Sodakrystall und bestreicht mit dem daran entstehenden Tropfen ein gewöhnliches Streichhölzchen (von dem zuvor die Kuppe entfernt ist) bis zu drei Viertel seiner Länge. Wird dasselbe darauf langsam in der Flamme um seine Axe gedreht, so bildet sich um das verkohlte Holz eine Kruste von festem Natriumcarbonat, das beim weiteren Erhitzen in der Flamme schmilzt und von der Kohle aufgesogen wird. Man erhält dadurch ein mit Soda imbibirtes Kohlenstäbchen, das durch eine Sodaglasur vor dem leichteren Verbrennen geschützt bleibt. An die Spitze dieses Stäbchens bringt man die mit einem Tropfen des schmelzenden Sodakrystalls auf der Innenseite der linken Hand zu einer breiigen Masse mittelst der Klinge eines Federmessers gemischte Probe von der Grösse eines grossen Hirsekorns. Nachdem dieselbe in der unteren Oxydationsflamme zum Schmelzen gebracht, führt man sie von oben nach unten in den heissesten Theil des unteren Reductionsraumes. Der Zeitpunkt, wo die Reduction vor sich geht, gibt sich durch ein heftiges Aufwallen des Soda zu erkennen, welches man nach einigen Augenblicken dadurch unterbricht, dass man die Probe am Kohlenstäbchen in dem dunkeln Kegel der Flamme erkalten lässt.

Das die Probe enthaltende Ende des Kohlenstäbchen wird mit den Fingern abgekniffen, auf eine Silbermünze gelegt und wie oben angegeben weiter untersucht.

dem Metallsalz die Säure; das Metalloxyd wird durch den glühenden Kohlenstoff reducirt, z. B.:

$$PbCl_2 + Na_2CO_3 = PbO + CO_2 + 2NaCl$$
$$PbO + C = Pb + CO$$

oder

$$CuSO_4 + Na_2CO_3 = CuO + CO_2 + Na_2SO_4$$
$$CuO + C = Cu + CO.$$

Beim Erhitzen vor dem Löthrohr wird das reducirte Metall, sofern es einen relativ niedrigen Siedepunkt hat (*Antimon, Blei, Wismuth*), zum Theil verflüchtigt. Beim Austritt aus der Flamme oxydirt die Luft die Metalldämpfe sofort wieder, und die nichtflüchtigen Oxyde schlagen sich theilweise auf der Kohle als Anflug *(Beschlag)* nieder.

Da die Temperaturen, bei welcher *Zinkoxyd* und *Cadmiumoxyd*, sowie die nicht flüchtigen *Arsenverbindungen* durch die Kohle reducirt werden, den Siedepunkten der Metalle sehr nahe liegen, verflüchtigen sich Zink, Cadmium und Arsen im gleichen Maasse, in dem sie entstehen. Die Schmelze enthält daher *kein Metall*, es tritt *nur Beschlag* auf.

1) *Metall ohne Beschlag:*

a) in Form glänzender ductiler Körner oder Flitter

Silber, weiss, in Salpetersäure leicht löslich; Salzsäure erzeugt in der Lösung einen weissen Niederschlag.

Kupfer, roth, in Salpetersäure löslich; die Lösung wird durch Ammoniak blau gefärbt.

Zinn, weiss, löslich in conc. Salzsäure, geht beim Behandeln mit Salpetersäure in unlösliche weisse Zinnsäure über.

b) in Form eines grauen (magnetischen) Pulvers

Eisen, *Nickel*, *Kobalt*, } löslich in Salzsäure.

Mit der Spitze der magnetisch gemachten Klinge des Taschenmessers lässt sich das Metallpulver leicht von den letzten Antheilen der Kohle trennen. Es wird am Messer selbst mit Wasser abgespült und, indem man die Messerklinge möglichst weit von dem daran haftenden Metallpulver einige Male quer die Flamme führt, getrocknet. Zieht man die fest zwischen dem obersten Gliede des Daumens und dem untersten des Zeigefingers eingeklemmte Messerklinge durch die Finger, und nähert man den abgestreiften Metallen die magnetische Messerspitze, so springen sie von der Hand an dieselbe und bilden ein bürstenartiges Büschel, das sich bequem mit der Lupe untersuchen und durch Berührung mit einer geschmolzenen Phosphorsalzperle in beliebiger Menge auf diese übertragen lässt. Den am Messer haftenden Rest streicht man auf das Ende eines 5 mm breiten Streifens Fliesspapier derart ab, dass die Probe möglichst nahe am Ende des Streifens einen engbegrenzten schwarzen Fleck bildet. Wird dieses, senkrecht nach aussen gekehrt, mittelst eines Capillarfadens mit Salpetersäure und Salzsäure befeuchtet und der anhängende Tropfen bei stets nach unten geneigter Haltung an den Rand der Flamme gebracht, so verdampft die überschüssige Säure und hinterlässt die gebildeten, das Streifenende durchtränkenden Chloride in hinlänglicher Concentration, um durch Einwirkung von Reagentien weitere Prüfungen zu erzielen (nach *Bunsen*).

2) *Metall mit Beschlag:*

Blei, dehnbar, unlöslich in Salzsäure, in Salpetersäure löslich; Beschlag: gelblich.

Antimon, spröde, unlöslich in Salzsäure, wird durch Salpetersäure in unlösliches weisses Oxyd übergeführt; Beschlag: weiss.

Wismuth, spröde, in conc. Salpetersäure löslich, aus der Lösung nach Zusatz eines Tropfens Salzsäure durch Wasser fällbar; Beschlag: gelb.

3) *Beschlag ohne Metall:*

Zink, weiss.

Kadmium, braungelb.

Arsen, weiss, sehr flüchtig; zugleich tritt ein knoblauchähnlicher Geruch auf. (**Vorsicht!**)

4) *Auf der Silbermünze entsteht ein schwarzbrauner bis schwarzer Fleck.*

Hepar-Reaction. *Schwefel* in allen seinen Verbindungen, als Schwefelsäure, schweflige Säure, unterschweflige Säure, Schwefelmetall u. s. w.

Liegt ein Sulfat vor, so entsteht beim Erhitzen mit Soda zunächst Natriumsulfat, liegt ein Sulfit vor, Natriumsulfit u. s. w. Hierauf erfolgt durch die Kohle Reduction zu Schwefelnatrium,[1] z. B.:

$$Na_2SO_4 + 4C = Na_2S + 4CO$$
$$Na_2SO_3 + 3C = Na_2S + 3CO.$$

Das angefeuchtete Schwefelnatrium setzt sich an der Luft mit Silber zu *schwarzem Schwefelsilber* und Natronhydrat um:

$$2Ag + Na_2S + H_2O + O = Ag_2S + 2NaOH.$$

Mit Salzsäure befeuchtet entwickelt die Schmelze *Schwefelwasserstoff*:

$$Na_2S + 2HCl = H_2S + 2NaCl.$$

Da *alle* Verbindungen des Schwefels diese Reaction zeigen, ergiebt sich aus dem Blankbleiben der Silbermünze die *Abwesenheit von Schwefel überhaupt* in der untersuchten Substanz.

Anmerk. *Jodverbindungen* geben nach dem Erhitzen mit Soda vor dem Löthrohr auf der Silbermünze einen *grauen* Fleck.

B) Der Körper ist ohne Zersetzung flüchtig.

Hierher gehören besonders die *Ammonium-* und *Quecksilbersalze*, *Arsentrioxyd* und *Wasser*; *Der Körper ist flüchtig.*

ferner:

a) die *flüchtigen Elemente* und zwar die Metalle: *Hg*, *As*; die Metalloide: *Br*, *J*, *S*, *P*;

b) die *Verbindungen der flüchtigen Metalloide unter einander*, z. B. PCl_5, PJ_3, S_2Cl_2 u. s. w. Dieselben werden durch Wasser äusserst energisch in die entsprechenden Säuren verwandelt; daher zerfliessen und rauchen die Körper an feuchter Luft;

c) viele *organische Körper;* dieselben sind brennbar.

Zum Nachweis von

Ammoniak mischt man den zu untersuchenden Körper mit Kalkhydrat und erwärmt, wenn nicht schon in der

[1] Geschmolzenes Schwefelnatrium nimmt nach dem Erkalten eine der Leber ähnliche Farbe an, daher: *Heparreaction* (von τὸ ἧπαρ, die Leber).

Kälte der Geruch nach Ammoniak auftritt, die Mischung im Glühröhrchen oder auf einem Uhrgläschen:

$$2NH_4Cl + Ca(OH)_2 = CaCl_2 + 2NH_3 + 2H_2O.$$

Quecksilber- und Arsenverbindungen lassen sich durch Erhitzen mit Soda und Kohle im Glühröhrchen nachweisen. Die trockene Substanz ist mit etwas Russ oder Holzkohlenpulver und *vollständig* entwässerter Soda zuvor im Mörser gut zu verreiben. Das reducirte leicht flüchtige Metall verdichtet sich zu glänzenden Tröpfchen (Quecksilber) oder zu einem Metallspiegel (Arsen).

Wasser kann entweder als *Feuchtigkeit* in nur geringer Menge (Beschlag), oder in grösseren Mengen (Tropfen) als *Krystallwasser* vorhanden sein.

C) Der Körper zersetzt sich unter Entwickelung flüchtiger Producte.

Der Körper zersetzt sich.

Einige Körper zersetzen sich beim Erhitzen unter Entwickelung flüchtiger Producte, welche sich als Beschlag *im Glühröhrchen wieder verdichten* (z. B. Schwefel, Quecksilber) oder *gasförmig* entweichen. Die entweichenden Gase sind entweder *brennbar* (z. B. Kohlenoxyd, Cyan), oder *nicht brennbar* (Sauerstoff, Kohlensäure, Schweflige Säure u. s. w.) und oft von *charakteristischem Geruch.* Die Zersetzungsvorgänge, welche oft nur allgemeine Schlüsse zulassen, sind mannigfacher Art, z. B.:

$$KClO_3 = KCl + 3O$$
$$CuSO_4 = CuO + SO_3$$
$$AgCN = Ag + CN$$
$$Hg(NO_3)_2 = Hg + 2NO_2 + 2O$$
$$BaSiFl_6 = BaFl_2 + SiFl_4$$
$$2Na_2S_2O_3 = Na_2SO_4 + Na_2S + SO_2 + S$$
$$CaC_2O_4 = CaCO_3 + CO = CaO + CO_2 + CO$$

u. s. w.

Die meisten organischen Körper (*Weinsäure* u. s. w.) zersetzen sich unter Abscheidung von Kohle (der Körper schwärzt sich) und Entwickelung flüchtiger brennbarer Producte.

3. Erwärmen des Körpers mit concentrirter Schwefelsäure.

Man übergiesst eine Messerspitze des zu untersuchenden Körpers im Probirglase mit der drei- bis vierfachen Menge conc. Schwefelsäure, um die vorhandenen Säuren durch den Ueberschuss der Schwefelsäure in Freiheit zu setzen. Die frei werdenden Säuren sind entweder *flüchtig* oder *nicht flüchtig*. Die bei gewöhnlicher Temperatur gasförmigen Säuren (Salzsäure, Kohlensäure u. s. w.) entweichen sofort, die übrigen flüchtigen Säuren erst beim Erwärmen, welches nicht bis zum Siedepunkte der Schwefelsäure (330° C.) gesteigert werden soll. Auf einige Säuren wirkt die conc. Schwefelsäure *zersetzend* ein. *Erwärmen mit conc. Schwefelsäure im Probirglas.*

Die Schwefelsäure vermag trotz ihrer energischen Wirkung nicht alle Salze zu zerlegen. Zu den Salzen *nicht flüchtiger* Säuren, welche der Einwirkung der Schwefelsäure widerstehen, gehören besonders viele in der Natur vorkommende Silicate. Salze, deren *flüchtige* Säuren durch Schwefelsäure nicht oder kaum ausgetrieben werden, sind z. B. die *Chlor*verbindungen des Silbers und Quecksilbers.

A) Die sich entwickelnden Gase oder Dämpfe sind gefärbt.

Violett: *Jod,* bei Gegenwart von *Jodmetallen.* *Gefärbte Gase oder Dämpfe.*

$$\begin{cases} 2KJ + H_2SO_4 = K_2SO_4 + 2HJ \\ 2HJ + H_2SO_4 = 2J + SO_2 + 2H_2O. \end{cases}$$

Rothbraun:

a) *Brom,* bei Gegenwart von *Brommetallen.*

$$\begin{cases} 2NaBr + H_2SO_4 = Na_2SO_4 + 2HBr \\ 2HBr + H_2SO_4 = 2Br + SO_2 + 2H_2O. \end{cases}$$

b) *Oxyde des Stickstoffs,* bei Gegenwart von *salpetriger Säure,* sowie bei *gleichzeitiger Anwesenheit* von *Salpetersäure* und Salzsäure oder reducirend wirkenden Körpern, z. B.:

$$2NaNO_2 + H_2SO_4 = Na_2SO_4 + NO_2 + NO + H_2O,$$

$$\begin{cases} KNO_3 + NaCl + H_2SO_4 = KNaSO_4 + HNO_3 + HCl \\ HNO_3 + HCl = NO_2 + Cl + H_2O. \end{cases}$$

Gelbgrün:

a) *Chlor*, bei Gegenwart von *Unterchloriger Säure:*

$$2\,Ca{OCl \atop OH},\ CaCl_2 + 3\,H_2SO_4 = 3\,CaSO_4 + 4\,Cl + 4\,H_2O.$$

b) *Chlordioxyd*, bei Gegenwart von *Chlorsäure:*

$$\begin{cases} 2\,KClO_3 + H_2SO_4 = K_2SO_4 + 2\,HClO_3 \\ \qquad 3\,HClO_3 = HClO_4 + 2\,ClO_2 + H_2O. \end{cases}$$

(Das Chlordioxyd ist ein äusserst explosives Gas, daher **Vorsicht!**)

***B)** Die sich entwickelnden Gase oder Dämpfe sind farblos.*

Farblose Gase oder Dämpfe. Halte den dem Probirglas entweichenden Gasen einen Glasstab, welcher mit einer Silbernitratlösung befeuchtet ist, entgegen.

1) *Am Glasstab entsteht ein Niederschlag* von:

a) *Chlorsilber*, weiss, käsig, bei Gegenwart von *Chloriden*, das entweichende Gas (Salzsäure) raucht an der Luft und bildet mit Ammoniak Salmiaknebel:

$$HCl + AgNO_3 = AgCl + HNO_3.$$

b) *Schwefelsilber* (schwarz); bei Gegenwart von *Sulfiden:*

$$H_2S + 2\,AgNO_3 = Ag_2S + 2\,HNO_3.$$

Gleichzeitig findet besonders beim Erwärmen Zersetzung eines Theils des Schwefelwasserstoffs statt:

$$H_2S + H_2SO_4 = S + SO_2 + 2\,H_2O.$$

c) *Kieselsäure*, farblos, gallertartig; der Niederschlag entsteht auch an einem mit *Wasser* befeuchteten Glasstab; bei Gegenwart von *Fluor-* und *Kieselfluormetallen.* Das entweichende Gas ist *Fluorsilicium:*

$$3\,SiFl_4 + 3\,H_2O = H_2SiO_3 + 2\,SiFl_6H_2.$$

Enthält der Körper eine *Fluorverbindung*, so wirkt der zunächst freiwerdende Fluorwasserstoff auf die Kieselsäure des Glases ein, wobei Fluorsilicium entsteht:

$$4\,FlH + SiO_2 = SiFl_4 + 2\,H_2O.$$

2) *Am Glasstab entsteht kein Niederschlag.* *Farblose Gase oder Dämpfe.*

Die Gase oder Dämpfe können bestehen:

a) indem keine Zersetzung der freiwerdenden Säure stattfindet,

aus: *Schwefliger Säure,* erkennbar am Geruch (nach verbrennendem Schwefel); eine *verdünnte,* schwach angesäuerte Lösung von Kaliumbichromat wird durch das Gas (unter Bildung von Chromoxydsalz) *grün* gefärbt:

$$3\,SO_2 + K_2Cr_2O_7 + 2\,HCl = Cr_2(SO_4)_3 + 2\,KCl + H_2O.$$

Schweflige Säure tritt auch vielfach als Reductionsproduct der Schwefelsäure auf, z. B.:

$$Cu + 2\,H_2SO_4 = CuSO_4 + SO_2 + 2\,H_2O.$$

Ob die auftretende schweflige Säure *ursprünglich* in dem vorliegenden Körper vorhanden war, lässt sich durch Uebergiessen desselben mit Salzsäure leicht erkennen.

Essigsäure, erkennbar am Geruch; übergiesst man den Körper mit wenig Alkohol und hierauf mit conc. Schwefelsäure, so tritt beim Erwärmen der angenehme Geruch nach Essigäther auf. Beim Erhitzen der *trockenen* (von einem Krystallwassergehalt durch Erwärmen befreite) Substanz mit etwas Arsentrioxyd im Glühröhrchen entweicht Kakodyloxyd von höchst widerlichem Geruch.

Kohlensäure, das Gas trübt Baryt- oder Kalkwasser; der Körper braust mit Salzsäure auf.

Salpetersäure. Beim Erwärmen des Körpers mit conc. Schwefelsäure und Eisenvitriol oder Kupfer entsteht Stickoxyd, welches sich mit dem Sauerstoff der Luft zu rothbraun gefärbtem Stickstoffdioxyd verbindet:

$$2\,HNO_3 + 3\,H_2SO_4 + 6\,FeSO_4 = 3\,Fe_2(SO_4)_3 + 4\,H_2O + 2\,NO$$

$$8\,HNO_3 + 3\,Cu = 3\,Cu(NO_3)_2 + 4\,H_2O + 2\,NO$$

$$(2\,NO + 2\,O = 2\,NO_2).$$

b) indem eine Zersetzung der vorhandenen Säure stattfindet,

aus: 1) *Sauerstoff* bei Gegenwart von:

Chromsauren, übermangansauren Salzen und *Superoxyden*, z. B.:

$$K_2Cr_2O_7 + 4H_2SO_4 = Cr_2(SO_4)_3 + K_2SO_4 + 4H_2O + 3O.$$

Aus übermangansauren Salzen, deren Gegenwart die Phosphorsalzperle (vergl. S. 6) leicht ergiebt, scheidet sich zunächst Uebermangansäureanhydrid ab, welches unter Detonation (**Vorsicht!**) in Sauerstoff und Mangansuperoxyd zerfällt:

$$2KMnO_4 + H_2SO_4 = K_2SO_4 + Mn_2O_7 + H_2O$$
$$Mn_2O_7 = 2MnO_2 + 3O.$$

2) *brennbaren Gasen* bei Gegenwart von:

Cyan-, *Ferro-* und *Ferricyanmetallen; Oxalsäure* und ihren Salzen, z. B.:

$$K_4Fe(CN)_6 + 6H_2SO_4 + 6H_2O = 2K_2SO_4 + FeSO_4 + 3(NH_4)_2SO_4 + 6CO$$
$$K_2C_2O_4 + H_2SO_4 = K_2SO_4 + H_2O + CO_2 + CO.$$

Anmerk. Der Nachweis der *Cyangruppe* durch die Vorprüfung ist wichtig, weil bei Gegenwart von Cyaniden *Kupfersalze nicht* durch Schwefelwasserstoff, *Quecksilbersalze nicht* durch die Alkalien gefällt werden; weil das *Eisen* in den *Ferrocyanverbindungen weder* durch Schwefelammonium *noch* durch die Alkalien abgeschieden wird u. s. w.

3) *Weinsäure* und viele organischen Säuren, welche mehr als 2 Atome Kohlenstoff enthalten, zersetzen sich unter Abscheidung von Kohle (Schwärzung) und unter Entwickelung von schwefliger Säure:

$$C + 2H_2SO_4 = 2SO_2 + CO_2 + H_2O.$$

Anmerk. Der Nachweis von *Weinsäure* und ähnlichen organischen Säuren durch die Vorprüfung ist wichtig, weil bei Gegenwart derselben: Eisenoxyd-, Thonerde- und Chromoxydsalze nicht durch *Ammoniak* u. s. w., Kupfersalze nicht durch *Natronlauge* gefällt werden.

C) Es entwickelt sich kein Gas oder Dampf: *Keine Gase oder Dämpfe.*

bei Gegenwart von:

Schwefelsäure: die ursprüngliche Substanz giebt die Heparreaction;

Phosphorsäure: Nach dem Befeuchten mit conc. Schwefelsäure in der Flamme erhitzt, fahlgrüne Färbung; beim Erhitzen mit Kobaltlösung auf Kohle, blaues Glas oder blaue unschmelzbare Masse;

Borsäure, ebenso, die Flammenfärbung ist rein grün;

Arsensäure, beim Erhitzen des Körpers auf Kohle tritt Knoblauchgeruch auf;

Kieselsäure, Phosphorsalzperle mit Kieselskelett.

Die *Halogen*verbindungen des *Silbers* und *Quecksilbers* werden durch Schwefelsäure nur schwierig zersetzt; Chlorsilber, Quecksilberchlorür und -chlorid entwickeln *keine* Salzsäure. Quecksilberchlorür geht beim Erwärmen mit conc. Schwefelsäure in Quecksilberchlorid über, welches bei etwa 295°, also *niedriger* als Schwefelsäure, siedet; gleichzeitig entsteht Schweflige Säure.

II. Auflösung und Aufschliessung fester Körper.

Nach beendeter Vorprüfung ist der zu untersuchende Körper in Lösung zu bringen, entweder

1) durch die üblichen Lösungsmittel: Wasser, Salz-, Salpetersäure u. s. w. (*Auflösung*), oder

2) auf feurig flüssigem Wege durch Schmelzen mit Soda, oder in anderer geeigneter Weise (*Aufschliessung*).

1. Auflösung.

Wenn weder die äussere Beschaffenheit von vornherein noch die Vorprüfung bestimmte Anhaltspunkte bieten, versucht man den Körper durch Wasser, Salzsäure, Salpetersäure oder Königswasser in Lösung zu bringen. Die Lösungsmittel sind jedes für sich in der angegebenen Reihenfolge anzuwenden; hierbei ist zu beachten, ob sich *ein Theil* des zu untersuchenden Körpers löst oder ob derselbe den Lösungsmitteln *völlig* widersteht. Geht ein Theil in Lösung, so filtrirt man von dem ungelöst gebliebenen Rückstand ab und behandelt denselben in geeigneter Weise weiter. *Die einzelnen Lösungen sind getrennt zu untersuchen.* Hierdurch wird die Analyse in vielen Fällen erleichtert und Aufschluss über die näheren Beziehungen, in welchen die einzelnen Bestandtheile des zu untersuchenden Körpers zu einander stehen, erhalten.

Wasser. **Wasser** löst die Salze der *Alkalien*, die Salze der *Salpetersäure*, der *Salzsäure* (mit Ausnahme des Chlorsilbers und Quecksilberchlorürs), der *Schwefelsäure* (mit Ausnahme der Sulfate der alkalischen Erden und des Bleis) u. s. w. Manche Körper sind in heissem Wasser erheblich leichter löslich als in kaltem und scheiden sich beim Erkalten der Lösung krystallinisch aus, z. B. Chlorblei.

In einzelnen Fällen wirkt das Wasser zersetzend. So wird z. B. eine Lösung von *Wismuthchlorid* in Salzsäure durch viel Wasser in unlösliches basisches Salz und freie Säure zersetzt:

$$BiCl_3 + H_2O = BiOCl + 2HCl.$$

Ferner werden durch Wasser äusserst energisch *die Metalle der Alkalien* und *alkal. Erden* in die entsprechenden Basen, und viele *Verbindungen der Metalloide untereinander*, z. B. PCl_5, PBr_3, S_2Cl_2 u. s. w. in die entsprechenden Säuren verwandelt, z. B.:

$$Na + H_2O = NaOH + H$$
$$PCl_5 + 4H_2O = H_3PO_4 + 5HCl.$$

Salzsäure (verdünnte) löst viele Metalloxyde, Phosphate, Oxalate u. s. w. Auf die Carbonate, Sulfite, sowie auf eine Reihe von Sulfiden und Cyaniden wirkt Salzsäure zersetzend ein, indem unter Freiwerden von Kohlensäure, schwefliger Säure, Schwefelwasserstoff oder Blausäure die entsprechenden Chloride entstehen, z. B.: *Salzsäure.*

$$CaCO_3 + 2HCl = CaCl_2 + CO_2 + H_2O$$
$$Na_2SO_3 + 2HCl = 2NaCl + SO_2 + H_2O$$
$$FeS + 2HCl = FeCl_2 + H_2S$$
$$KCN + HCl = KCl + CNH.$$

Concentrirte Salzsäure löst viele Superoxyde unter Entwickelung von Chlor, z. B.:

$$MnO_2 + 4HCl = MnCl_2 + 2Cl + 2H_2O.$$

Salpetersäure ist das geeignetste Lösungsmittel für Metalle und Legierungen, sowie für Schwefelmetalle, welche durch Salzsäure nicht zersetzt werden (nur Quecksilbersulfid wird nicht gelöst). Die Salpetersäure wirkt hierbei zunächst oxydirend und hierauf salzbildend, z. B.: *Salpetersäure.*

$$3Pb + 2HNO_3 = 3PbO + H_2O + 2NO$$
$$3PbO + 6HNO_3 = 3Pb(NO_3)_2 + 3H_2O$$
$$\overline{3Pb + 8HNO_3 = 3Pb(NO_3)_2 + 4H_2O + 2NO.}$$

Salpetersäure löst alle Metalle mit Ausnahme von Zinn und Antimon,[1] welche in unlösliche Oxyde übergehen; dieselben sind nach dem Abfiltriren und Auswaschen in *gelbem Schwefelammonium* löslich.

Die Schwefelmetalle verhalten sich gegen Salpetersäure wie die Metalle, der Schwefel wird abgeschieden, z. B.:

$$3\,CuS + 8\,HNO_3 = 3\,Cu(NO_3)_2 + 4\,H_2O + 2\,NO + 3\,S.$$

Die einzelnen Schwefeltheilchen erweichen beim Kochen und schliessen, indem sie sich vereinigen, leicht noch unverändertes Schwefelmetall ein, wodurch die vollständige Zersetzung desselben erschwert wird. Der abgeschiedene Schwefel erscheint daher oft grau, braun oder schwärzlich gefärbt. Bei andauernder Einwirkung von conc. Salpetersäure wird der Schwefel theilweise oder vollständig zu Schwefelsäure oxydirt:

$$S + 2\,HNO_3 = H_2SO_4 + 2\,NO,$$

welche bei gleichzeitiger Anwesenheit von Blei die Bildung von unlöslichem, weissem Bleisulfat veranlasst.

Man wende die Salpetersäure stets *nur in möglichst geringen* Mengen an. Nach der Auflösung ist der Ueberschuss der Salpetersäure durch Eindampfen zu verjagen, bevor man zur weiteren Untersuchung der Lösung Schwefelwasserstoff auf dieselbe einwirken lässt.

Königswasser. Das **Königswasser**, eine Mischung von conc. Salzsäure und Salpetersäure, ist, in Folge der energischen Wirkung des Chlors in statu nascendi, das kräftigste Oxydationsmittel; es führt Quecksilbersulfid und -chlorür in Quecksilberchlorid über u. s. w.

2. Aufschliessung.

Widersteht ein Körper den genannten Lösungsmitteln ganz oder theilweise, so ist der Rückstand zunächst auf seine Brennbarkeit (Schwefel, Kohle etc.) zu prüfen und hierauf das Nichtbrennbare aufzuschliessen.

---

[1] Auf Gold, Platin u. s. w. ist in dieser Anleitung nicht Rücksicht genommen.

Die Art der Aufschliessung hängt von dem *Ergebniss der Vorprüfung* ab. Ergab dieselbe:

1) **Hepar ohne Metallkörner** (*schwefelsaure Salze der alkalischen Erden*), so ist der Körper mit Soda in der Platinspirale (nach *Bunsen*) aufzuschliessen. *Aufschliessung der Sulfate der alkal. Erden.*

Ein 150 mm langer, 0,5 mm dicker Platindraht wird durch Aufwinden um einen Glasstab zu einer Spirale gebogen, welche fünf 1 mm von einander abstehende Windungen von 4 mm Durchmesser hat. Die Spirale dient zur Aufnahme der Substanz, die vorher *möglichst fein zu pulvern* und mit der zwei- bis dreifachen Menge calcin. Soda innig zu mischen ist. Die Aufschliessung geschieht in dem oberen Oxydationsraum der Flamme des Bunsen'schen Brenners oder (schneller) des Gebläses, indem man die zum Glühen erhitzte Spirale in die Mischung taucht, das Haftengebliebene zum Schmelzen bringt und diese Operationen so lange wiederholt, bis die ganze Spirale mit der geschmolzenen Masse angefüllt ist. Hierauf entleert man den noch feurig flüssigen Inhalt der Spirale, indem man die Finger, welche den Draht in nicht zu weitem Abstand von der mit der Oeffnung nach unten gekehrten Spirale festhalten, gegen den Rand eines Porcellanmörsers stösst. Die hierdurch in Gestalt kleiner Kugeln abgeschleuderte Schmelze wird zerrieben und mit Wasser wiederholt ausgekocht. Die in der aufgeschlossenen Substanz enthaltene Säure geht hierbei als Natronsalz neben der überschüssigen Soda in Lösung, die Base bleibt als kohlensaures Salz ungelöst, z. B.:

$$BaSO_4 + Na_2CO_3 = BaCO_3 + Na_2SO_4.$$

Zur jedesmaligen Auskochung ist *nur wenig* Wasser, zum Filtriren ein *kleines* Filter zu verwenden, damit die Lösung, in welcher die Säure nachzuweisen ist, nicht durch das Waschwasser zu stark verdünnt werde. Das Auswaschen ist so lange fortzusetzen, bis in dem zuletzt abgelaufenen Filtrat die durch die Vorprüfung angezeigte Säure nicht mehr nachweisbar ist, oder ein Tropfen des Filtrats, auf Platinblech verdampft, keinen Rückstand hinterlässt.

Aufschliessung der Silicate. 2) **Kieselskelett in der Phosphorsalzperle und blaue Schmelze mit Kobaltlösung** (*Silicate*), so geschieht das Aufschliessen:

a) *Bei zersetzbaren Silicaten* (Zeolithen, Schlacken) durch längeres Erwärmen der *feingepulverten* Substanz mit verd. oder conc. Salzsäure, bis das ursprüngliche, beim Umrühren mit dem Glasstab ein knirschendes Geräusch verursachende Pulver verschwunden und nur flockige oder gallertartige Kieselsäure vorhanden ist. Bei Anwendung von verdünnter Salzsäure kann es sich ereignen, dass alle Kieselsäure in Lösung bleibt. Die mit der Kieselsäure verbunden gewesenen Basen befinden sich alsdann als Chloride in Lösung. Bedeutet M'' ein zweiwerthiges Metall, so findet die Zersetzung nach folgender Gleichung statt:

$$M''SiO_3 + 2HCl = H_2SiO_3 + M''Cl_2.$$

Da stets ein Theil der Kieselsäure gelöst bleibt, dampft man (ohne zu filtriren) auf dem Wasserbade zur staubigen Trockne, wodurch alle Kieselsäure in die unlösliche Form übergeführt wird. Nach dem Befeuchten mit Salzsäure zieht man den Rückstand mit Wasser aus und bestimmt im Filtrat die Basen.

b) *Bei nicht zersetzbaren Silicaten* durch Schmelzen der äusserst feingepulverten Substanz mit Soda nach 1. in der Platinspirale (oder im Platintiegel) und Behandeln der mit Wasser aufgeweichten Schmelze nach 2a) z. B.:

$$M''SiO_3 + Na_2CO_3 = Na_2SiO_3 + \underbrace{M''CO_3}_{M''O + CO_2}$$

$$Na_2SiO_3 + M''CO_3 + 4HCl = H_2SiO_3 + 2NaCl + M''Cl_2 + CO_2 + H_2O.$$

c) *Zum Nachweis der Alkalien* durch Behandeln der *äusserst feingepulverten* Substanz mit Flusssäure oder (besser) Fluorammonium im Platintiegel.

Die Substanz wird mit Fluorammonium möglichst innig gemischt und zunächst längere Zeit gelinde erwärmt, dann fügt man einige Tropfen Schwefelsäure hinzu und steigert die Hitze allmählich, bis der Ueberschuss der Schwefelsäure verjagt ist. Oder man behandelt die mit conc. Schwefelsäure befeuchtete Substanz auf dem Wasserbade so lange mit Flusssäure, bis sich alles löst, dampft ein und vertreibt die Schwefelsäure durch Erhitzen.

$$2KAlSi_3O_8 + 24HFl + 4H_2SO_4 = K_2SO_4 + Al_2(SO_4)_3 + 6SiFl_4 + 16H_2O.$$

Die Lösung des Rückstandes in Wasser enthält die Basen als Sulfate.

3) **Kieselsäure am befeuchteten Glasstabe beim Behandeln mit conc. Schwefelsäure im Probirglase** (*Fluor- und Kieselfluormetalle*), so ist der Körper durch Erwärmen mit conc. Schwefelsäure zu zersetzen oder nach 1) aufzuschliessen. *Aufschliessung: der Fluor- und Kieselfluormetalle.*

4) **Metall und Chlor, Jod, Brom oder Hepar** (*Haloidverbindungen des Silbers und Bleis; Bleisulfat*). Die Bleiverbindungen lassen sich durch Kochen mit Natronlauge ausziehen oder durch Erwärmen mit einer Lösung von Soda in basisches Bleicarbonat verwandeln, z. B.: *der Haloidverb. des Silbers und Bleis; Bleisulfat.*

$$3PbSO_4 + 3Na_2CO_3 + H_2O = 2PbCO_3, Pb(OH)_2 + 3Na_2SO_4 + CO_2.$$

Ist Silber vorhanden, so übergiesst man die Substanz in einer Porcellanschale mit etwas verdünnter Schwefelsäure und fügt ein Stück Zink hinzu. Nach beendeter Reduction entfernt man das nicht verbrauchte Zink und filtrirt das fein vertheilte, schwarze Silber ab:

$$2AgJ + Zn + H_2SO_4 = 2Ag + 2HJ + ZnSO_4.$$

5. Ferner können die unlöslichen Verbindungen bestehen aus *Zinnsäure*, welche durch Schmelzen mit Soda und Schwefel im Porzellantiegel in lösliches Natriumstannosulfat zu verwandeln ist; aus *Cyan- und Ferrocyanmetallen*, die durch Kochen mit conc. Schwefelsäure *oder* mit Natronlauge zu zersetzen sind, u. s. w.

III. Aufsuchung der Basen (Metalloxyde).

(Analyse auf nassem Wege.)

A. Allgemeines.

In der zu untersuchenden Lösung werden mit Hilfe der Scheidungsmittel oder Reagentien (Lösungen von Salzen, Säuren oder Basen), *deren Zusammensetzung bekannt* ist (vergl. den Anhang), die unbekannten Basen in Form von Niederschlägen wieder abgeschieden. Diese Niederschläge enthalten in der Regel, sofern es sich um die Aufsuchung einer Base handelt, die *gesuchte Base* und die *bekannte in dem Reagens enthaltene Säure*, oder bestehen, wenn das Reagens eine Base ist, aus der gesuchten Base selbst. Aus den Eigenschaften und dem Verhalten einer genügenden Anzahl solcher Niederschläge, welche eine Reihe verschiedener *bekannter Säuren* und immer *dieselbe* unbekannte Base enthalten, wird die gesuchte Base erkannt.

Allgemeine und specielle Reagentien. Man unterscheidet diejenigen Reagentien, welche mit einer grösseren Anzahl verwandter Basen Niederschläge erzeugen, als *allgemeine Reagentien* von solchen, welche unter den gegebenen Verhältnissen nur mit einer bestimmten Base eine unlösliche Verbindung bilden, als *specielle* oder *charakteristische Reagentien.* Indem man bei der Analyse zunächst die allgemeinen Reagentien zur Anwendung bringt, lassen sich die vorhandenen Basen in Gruppen trennen, welche weiter in Unterabtheilungen geschieden werden, bis es möglich ist, durch specielle Reagentien die einzelnen Basen mit Sicherheit zu erkennen.

Oft bewirken die Reagentien auch ein Aufbrausen (Gasentwickelung) oder eine Aenderung der Farbe der Lösung, woraus sich dann bestimmte Schlüsse ziehen lassen.

Trennung der Basen in drei Hauptgruppen.

Zur Trennung der Basen in *drei Hauptgruppen* bedient man sich allgemein des *Schwefelwasserstoffs*, mit Hilfe dessen die Schwefelverbindungen *sämmtlicher* Metalle (mit Ausnahme des *Chroms* und *Aluminiums*) darstellbar sind. Ein Theil der Schwefelmetalle entsteht nur in *saurer* Lösung — die Schwefelmetalle sind in verdünnten Säuren unlöslich und bilden die *dritte Hauptgruppe* —, der andere Theil in *alkalischer* Lösung — die Schwefelmetalle sind entweder unlöslich: *zweite Hauptgruppe* — oder löslich: *erste Hauptgruppe.*

Aus Lösungen, welche *Chromoxyd-* oder *Aluminium*-Salze enthalten, werden beim Alkalischmachen der Lösung durch Ammoniak, bezw. Schwefelammonium, die entsprechenden *Oxydhydrate* gefällt.

Erste Hauptgruppe.

Weder durch *Schwefelwasserstoff* in *saurer*, noch durch *Schwefelammonium* in *alkalischer* bezw. neutraler Lösung fällbar.	A. Alkalien	**Kalium** **Natrium** **Ammonium**	*weder* durch Ammoniumcarbonat *noch* durch Natriumphosphat fällbar.
	B.	**Magnesium**	durch *Natriumphosphat* fällbar; bei Gegenw. von Salmiak durch Ammoniumcarbon. *nicht* fällbar.
	C. Alkal. Erden	**Baryum** **Strontium** **Calcium**	durch *Ammoniumcarbonat* (und Natriumphosphat) *auch bei Gegenw.* von Salmiak fällbar.

Zweite Hauptgruppe.

Durch *Schwefelammonium* in *alkalischer* bezw. neutraler Lösung fällbar.[1]	A.	**Aluminium** **Chrom**	werden als *Oxydhydrate* gefällt.
	B.	**Eisen** **Nickel** **Kobalt** **Mangan** **Zink**	werden als *Schwefelmetalle* gefällt.

[1] Ueber das Verhalten von Lösungen, welche *Phosphorsäure* oder *Oxalsäure* enthalten, vergl. S. 31.

Dritte Hauptgruppe.

Durch *Schwefelwasserstoff* in *saurer* Lösung fällbar.	A. **Silber** **Quecksilber** **Blei** **Kupfer** **Wismuth** **Kadmium**	Die Schwefelmetalle sind in Schwefelammonium *unlöslich*.
	B. **Arsen** **Antimon** **Zinn**	Die Schwefelmetalle sind in Schwefelammonium *löslich*.

Ausführung der Analyse.

Zum Ansäuern der zu untersuchenden Lösung bedient man sich am zweckmässigsten der *Salzsäure*. Bei Gegenwart von Silberoxyd-, Quecksilberoxydul- und Bleioxydsalzen entsteht bereits beim Ansäuern mit Salzsäure ein weisser Niederschlag[1] der entsprechenden Chlormetalle. Das Filtrat ist stets *frei von Silber*, kann aber Quecksilberoxydsalze enthalten und enthält bei Gegenwart von Bleiverbindungen immer geringe Mengen Chlorblei.

Erste Hauptgruppe. 1) Die angesäuerte klare Lösung oder das Filtrat wird mit Schwefelwasserstoffwasser versetzt, bis die Flüssigkeit nach dem Umschütteln darnach riecht, und erwärmt. Entsteht hierbei *kein Niederschlag*, so ist in der Lösung *kein Metall* der *dritten Hauptgruppe* vorhanden; entsteht ein Niederschlag, so ist derselbe ab-

[1] Der Niederschlag entsteht nicht, wenn man sich in diesem Fall zum Ansäuern der Salpetersäure bedient. — Ausserdem können Niederschläge entstehen beim Ansäuern von Lösungen, welche Borsäure, Kieselsäure, Antimonsäure, Hyposulfite, Polysulfide etc. enthalten, einerlei ob man Salpeter- oder Salzsäure anwendet. Vergl. *B*) S. 88. Es kann sich auch ereignen, daß beim Ansäuern ein Gasentwickelung eintritt, vergl. hierüber I, *A*) S. 87.

zufiltriren und auf seine Löslichkeit in Schwefelammonium zu prüfen, um festzustellen, ob das Schwefelmetall in die Unterabtheilung A oder B gehört.

Bei 17,5° C. vermag das Wasser nur etwa 3 Vol. Schwefelwasserstoff zu lösen, es entspricht dies 0,45 Gewichtsprocent Schwefelwasserstoff für das bei gewöhnlicher Temperatur gesättigte Schwefelwasserstoffwasser. Zur vollständigen Fällung mit Schwefelwasserstoffwasser sind daher oft grosse Mengen desselben nöthig. Will man die Verdünnung vermeiden, so leitet man *Schwefelwasserstoffgas* in die Lösung. *Schwefelwasserstoff.*

Zur Prüfung der Löslichkeit des Niederschlags in Schwefelammonium verwendet man zunächst nur einen Theil desselben. Sind gleichzeitig Schwefelmetalle aus Unterabtheilung A und B vorhanden, so ist die ganze Menge des Niederschlags mit Schwefelammonium zu digeriren. Zu diesem Zwecke bringt man den sorgfältig ausgewaschenen Niederschlag in eine Porcellanschale (nach *Bunsen*), indem man das Filter aus einander breitet und die Seite desselben, auf welcher sich der Niederschlag befindet, möglichst glatt an die Wandung der Schale anlegt. Drückt man auf den Theil des Filters, unter welchem der Niederschlag liegt, wiederholt trockenes Filtrirpapier und zieht hierauf das Filter von der Schale ab, so bleibt der Niederschlag fast vollständig an der Schale haften.

Tritt auf Zusatz von Schwefelwasserstoff nur eine weisse milchige Trübung der Lösung ein, aus welcher sich beim Erwärmen keine deutlich erkennbaren Flocken absetzen, so deutet dieses Verhalten auf eine Abscheidung von *Schwefel*. Eine Abscheidung von Schwefel findet statt, wenn die Lösung Metalloxyde (oder Säuren) enthält, welche auf Schwefelwasserstoff oxydirend wirken:

$$H_2S + O = S + H_2O.$$

Der Schwefel scheidet sich in äusserst fein vertheiltem Zustande aus und geht mit durchs Filter. Ein klares Filtrat erhält man erst nach längerem Kochen der trüben Flüssigkeit und wiederholtem Filtriren durch ein doppeltes Filter.

Der in Schwefelammonium unlösliche Theil ist mit Salpetersäure zu behandeln.

Man bringt denselben zu diesem Zweck nach dem Auswaschen in der oben beschriebenen Weise vom Filter in eine

Porcellanschale und übergiesst ihn hier mit nicht zu viel conc. Salpetersäure. Hierbei scheidet sich Schwefel ab (vergl. S. 22), der beim Erwärmen erweicht und sich mit einem Glasstab als zusammenhängende Masse aus der Lösung entfernen lässt. Nach dem Abspülen mit Wasser kann man den Schwefel mit den Fingern leicht zu einem dünnen Faden ausrollen und an der Flamme entzünden. Nun legt man den brennenden Schwefel auf einen von einer zerbrochenen dünnwandigen Kochflasche herrührenden Glasscherben und erhitzt, bis der Geruch nach Schwefliger Säure nicht mehr wahrnehmbar ist. Bleibt hierbei ein von eingeschlossenem Schwefelmetall herrührender Rückstand, so ist derselbe in einem Tropfen Salpetersäure zu lösen und der Lösung in der Porcellanschale hinzuzufügen.

Ueber das Verhalten von *Quecksilber-* und *Bleisulfid* vergl. S. 22.

Zweite Hauptgruppe. 2) Das Filtrat von dem Schwefelwasserstoffniederschlag, bezw. die klar gebliebene Lösung wird *nach Zusatz von Salmiak* mit Ammoniak alkalisch gemacht und hierauf Schwefelwasserstoff oder *besser Schwefelammonium* zugefügt. Bleibt die Flüssigkeit klar, so ist in derselben *kein Metall* der zweiten Hauptgruppe vorhanden.

Schwefelammonium. Giebt man Schwefelwasserstoffwasser zu einer ammoniakalischen Lösung, so entsteht Schwefelammonium:

$$H_2S + 2\,NH_4HO = (NH_4)_2S + 2\,H_2O,$$

welches in Wasser leicht löslich ist. Es ist somit möglich, eine viel concentrirtere Lösung von Schwefelammonium, als von Schwefelwasserstoff zur Anwendung zu bringen; man benutzt daher besser Schwefelammonium.

Der *Zusatz von Salmiak* geschieht, um das vorzeitige Ausfallen der Magnesia zu verhindern.

Entsteht bereits auf Zusatz von Ammoniak ein Niederschlag, so beachtet man dies, versetzt aber trotzdem mit Schwefelammonium und sieht zu, ob hierbei eine Veränderung in der Beschaffenheit des Niederschlags (Umwandlung in Schwefelmetall) eintritt.

Der auf Zusatz von Ammoniak eintretende Niederschlag kann bestehen:

a) aus *Oxydhydrat*, Aluminium- und Chromoxydhydrat werden durch Schwefelammonium nicht verändert. Beim Auflösen des ausgewaschenen Niederschlags in Salzsäure findet keine Entwickelung von Schwefelwasserstoff statt;

b) aus mehr oder weniger (der Menge des in der Lösung noch vorhanden gewesenen Schwefelwasserstoff entsprechend) *Schwefelmetall*. Auf Zusatz von Schwefelammonium findet eine Vermehrung des Niederschlags statt;

c) *bei Gegenwart von Phosphorsäure* oder *Oxalsäure* (welche in der Vorprüfung zu erkennen sind), ohne dass eine Veränderung des Niederschlags durch Schwefelammonium stattfindet, aus *Phosphaten* oder *Oxalaten* der *alkalischen Erden*, aus *Magnesiumammoniumphosphat* sowie aus *Aluminiumphosphat*. Vergl. S. 47.

Der nach Zusatz von Schwefelammonium entstehende Niederschlag ist abzufiltriren und nach dem Auswaschen in verdünnte *Salzsäure* zu lösen.

Man verfährt am zweckmässigsten so, dass man etwa 5 ccm Salzsäure zunächst im Probirglas erwärmt und alsdann über den auf dem Filter befindlichen Niederschlag giesst; hierbei wird die Salzsäure in ihrer Wirkung in der Regel nicht erschöpft. Man bringt daher die abgelaufene Lösung von neuem auf das Filter und fährt damit fort, bis alles gelöst ist,[1] oder keine weitere Veränderung des (schwarzen) Rückstandes eintritt. Liegt ein Schwefelmetall vor, so entweicht der frei werdende Schwefelwasserstoff zum Theil in die Luft, zum Theil *geht er in die Lösung über*. Zur Zerstörung des in die Lösung übergegangenen Schwefelwasserstoffs fügt man zu derselben nicht zu viel *conc. Salpetersäure* und kocht, bis der Geruch nach Schwefelwasserstoff *vollständig* verschwunden ist. Das Kochen mit Salpetersäure bezweckt auch — *Eisenchlorür*, welches die Lösung des Niederschlags in Salzsäure bei Gegenwart von Eisen stets enthält, in *Oxydsalz* überzuführen. In diesem Falle wird die Lösung gelb. Vergl. S. 52.

[1] Aus dieser Lösung werden durch Ammoniak, wenn der zu untersuchende Körper *neben Phosphorsäure* oder *Oxalsäure* gleichzeitig alkalische Erden, Magnesia oder Thonerde enthält, die Phosphate und Oxalate der genannten Basen gefällt. Der Niederschlag ist zur Trennung der Phosphorsäure von den Basen, wie S. 42, 2 und S. 47 angegeben, zu behandeln, zur Trennung der Oxalsäure mit einer Lösung von Natriumcarbonat zu kochen (vergl. S. 41).

Ist das Filtrat von dem durch Schwefelammonium entstandenen Niederschlag *schwarzbraun* gefärbt, so ist *Nickel* zugegen. Ein beim Behandeln des Niederschlags mit Salzsäure bleibender schwarzer Rückstand ist *Schwefelnickel* oder *Schwefelkobalt* oder ein Gemenge beider; derselbe ist in *Salpetersäure* löslich.

Dritte Hauptgruppe. 3) Das Filtrat von dem Schwefelammonium-Niederschlage bezw. die klargebliebene Lösung kann nur noch Metalle *der ersten Hauptgruppe* enthalten. Durch Zusatz von *Ammoniumcarbonat* lassen sich die alkalischen Erden von den Alkalien und der Magnesia trennen u. s. w.

Die weitere Trennung der einzelnen Metalle von einander ist auf der **zweiten Tabelle** schematisch zusammengestellt und aus derselben zu ersehen. Die Anwesenheit eines Metalls ist nur dann als *sicher erwiesen* zu betrachten, wenn *sämmtliche* auf der Tabelle *und* im speciellen Theil angegebenen Reactionen beobachtet worden sind.

Hauptregel. Als Hauptregel bei allen analytischen Operationen ist zu beachten, dass, sobald auf Zusatz eines Reagens zu der zu untersuchenden Lösung eine Reaction (Niederschlag, Farbenänderung u. s. w.) eintritt, mit dem Zusatz des Reagens *so lange fortzufahren ist, bis keine weitere Veränderung* eintritt. Entsteht ein Niederschlag, so hat man sich stets davon zu überzeugen, ob durch weiteren Zusatz des Reagens eine Vermehrung des Niederschlags oder ein Wiederauflösen desselben stattfindet. Immerhin sind unbeschadet der vollständigen Durchführung aller Reactionen die Reagentien im Allgemeinen möglichst sparsam zu bemessen.

B. Specieller Theil.

Erste Hauptgruppe.

Kalium, Natrium, Ammoniak. — Magnesium. — Baryum, Strontium, Calcium.

Die erste Hauptgruppe umfasst ausser Ammoniak diejenigen Metalle, deren Verbindungen weder durch Schwefelwasserstoff in saurer, noch durch Schwefelammonium in alkalischer Lösung gefällt werden, nämlich:

A) die Alkalien (Kalium, Natrium, Ammoniak),

B) das Magnesium,

C) die alkalischen Erden (Calcium, Strontium, Baryum).

Die Trennung der alkalischen Erden von den Alkalien und der Magnesia lässt sich leicht durch *Ammoniumcarbonat* ausführen, welches die alkalischen Erden als kohlensaure Salze fällt, während die Alkalien und, wenn die Lösung genügende Mengen Salmiak enthält, die Magnesiumsalze gelöst bleiben. In dem Filtrat (bezw. der Lösung), welches nur noch Alkalien oder Magnesiumsalze enthalten kann, entsteht bei Gegenwart von Magnesiumsalzen auf Zusatz von Natriumphosphat ein krystallinischer Niederschlag, bei Abwesenheit von Magnesiumsalzen bleibt die Lösung klar.

A) Die Alkalien.

(*Kalium, Natrium und Ammoniak.*)

Die Verbindungen der Alkalien sind mit Ausnahme der kalium- und natriumhaltigen Doppelsilicate (Gesteinsarten) löslich. Die Alkalien können daher von den übrigen Basen *nicht in Form eines Niederschlags* getrennt werden.

Der Nachweis des Kaliums und Natriums geschieht nach Entfernung anderweitig vorhandener Basen durch die allgemeinen Reagentien (Schwefelwasserstoff, Schwefelammonium und Ammoniumcarbonat) und Entfernung der Ammoniumsalze nach dem Eindampfen der Lösung durch gelindes Glühen. Der verbleibende Rückstand kann ausser Kalium- und Natrium- nur noch Magnesiumverbindungen enthalten (erkennbar durch Natriumphosphat).

Trennung der Magnesia von den Alkalien. Bei Anwesenheit von Magnesiumverbindungen versetze zur Entfernung derselben den wässrigen Auszug des Glührückstandes mit Barytwasser bis zur alkalischen Reaction, koche und filtrire von dem ausgeschiedenen Magnesiahydrat ab. Aus dem Filtrat fälle die Baryumverbindungen in der Wärme durch Ammoniumcarbonat, filtrire, dampfe die Lösung zur Trockne und glühe schwach. Bleibt hierbei ein *greifbarer Rückstand*, so ist derselbe auf Kalium und Natrium zu prüfen.

1. Kaliumverbindungen.

Kalihydrat KOH.

Zum Nachweis des Kaliums dient die Lösung des nach Verjagen der Ammoniumsalze erhaltenen Glührückstandes in wenig Wasser,[1] oder wenn der zu untersuchende Körper nicht flüchtig ist und weder mit Schwefelwasserstoff, Schwefelammonium, Ammoniumcarbonat uud Natriumphosphat einen Niederschlag giebt, die ursprüngliche, nicht zu verdünnte wässrige Lösung. Aus derselben fällt:

1) *Platinchlorid*[2] gelbes krystallinisches Platinchlorid-Chlorkalium (vollständig auf Zusatz von Alkohol):

$$2KCl + H_2PtCl_6 = K_2PtCl_6 + 2HCl.$$

[1] Magnesiumverbindungen sind zuvor wie oben angegeben zu entfernen.

[2] Das in der Regel kurzweg mit *Platinchlorid* bezeichnete Reagens hat die Zusammensetzung: $H_2PtCl_6 = PtCl_4, 2HCl$; dasselbe ist also *Platinchloridchlorwasserstoffsäure.*

2) *Weinsäure*[1] und *Natronlauge* einen weissen krystallinischen, in verdünnten Lösungen allmählich entstehenden Niederschlag von Weinstein (vollständig auf Zusatz von Alkohol):

$$KCl + C_4H_5NaO_6 = C_4H_5KO_6 + NaCl.$$

3) Die Kaliumverbindungen färben die nichtleuchtende Gasflamme *violett.*

Bei gleichzeitiger Anwesenheit von selbst sehr kleinen Mengen einer Natriumverbindung verdeckt die gelbe Natriumflamme die violette Kaliumflamme. In diesem Falle lässt sich das Kalium leicht nachweisen, wenn man die Flamme durch ein mit Indiglösung gefülltes Prisma oder durch ein Kobaltglas betrachtet. Die Natriumflamme verschwindet hinter einer genügend dicken Schicht der genannten Medien vollständig, die Kaliumflamme erscheint *roth.*

Das *Spektrum* der Kaliumflamme zeigt zwei charakteristische Linien, von denen die hellere im äussersten *Roth*, die andere, schwieriger erkennbare, im violetten Theil des Spektrums liegt.

Vorprüfung: a) *violette* Flammenfärbung,
b) schmelzbar ohne Farbenänderung,
c) Kalium*phosphate*, *-borate* und *-silicate* geben, mit Kobaltlösung auf Kohle geglüht, blaue Gläser.

---

[1] In den organischen Säuren werden nur die Wasserstoffatome, welche einer Carboxylgruppe angehören, bei der Bildung von Salzen (vergl. S. 73) durch Metalle vertreten. Die Weinsäure:

$$C_4H_6O_6 = C_2H_2(OH)_2\begin{matrix}COOH\\COOH\end{matrix}$$

enthält zwei Carboxylgruppen und ist daher zweibasisch. Nur das saure Kaliumsalz (Weinstein) $C_2H_2(OH)_2(COOK)(COOH)$, nicht aber das neutrale Kaliumsalz $C_2H_2(OH)_2(COOK)_2$ ist schwer löslich. Daher sind, wenn man den Niederschlag herbeiführen will, die Verhältnisse von Weinsäure und Natronlauge stets so zu wählen, dass sich das saure Kaliumsalz bilden kann.

2. Natriumverbindungen.

Natronhydrat NaOH.

Zum Nachweis des Natriums dient der nach dem Verjagen der Ammoniumsalze verbleibende Glührückstand[1] oder, wenn die Lösung des zu untersuchenden nicht flüchtigen Körpers durch die Gruppenreagentien (vergl. bei Kalium) nicht gefällt wird, die ursprüngliche Substanz.

1) Man bringt eine kleine Menge des Körpers am Oehre eines Platindrahtes in die nichtleuchtende Flamme und beobachtet die Flammenfärbung. Bei Gegenwart von Natriumverbindungen färbt sich die Flamme *intensiv gelb.* Ein Krystall von Kaliumbichromat erscheint in unmittelbarer Nähe der Natriumflamme weingelb bis farblos.

Durch die gelbe Flammenfärbung lassen sich noch die geringsten Spuren Natrium nachweisen. Da das Natrium spurweise sehr verbreitet ist, beobachtet man fast stets, oft unmittelbar nach dem Verdampfen des Lösungsmittels, eine bald vorübergehende Gelbfärbung der Flamme.[2]

Nur wenn die Analyse einen *greifbaren Glührückstand* ergeben hat, welcher die Flamme andauernd *intensiv* gelb färbt, ist der Schluss, dass die untersuchte Substanz *Natrium* als einen *wesentlichen* Bestandtheil enthält, gerechtfertigt.

2) In nicht zu verdünnten Lösungen von Natriumsalzen entsteht auf Zusatz von *Kaliumantimoniat* ein Niederschlag von $NaSbO_3$. Vergl. Antimonsäure S. 81.

Zu einer neutralen Lösung hat man eine Mischung von 2 Vol. Weinsäure und 1 Vol. Natronlauge hinzuzufügen u. s. w.

[1] Magnesiumverbindungen sind zuvor nach S. 34 zu entfernen.

[2] Berührt man z. B. das frisch ausgeglühte Ende eines Platindrahtes mit den Fingern und hält es hierauf in die Flamme, so beobachtet man eine von dem Chlornatrium des Schweisses herrührende Gelbfärbung, die jedoch bald wieder, wenn jene Spur Chlornatrium verdampft ist, verschwindet. — Dieselbe Erscheinung tritt ein, wenn man das Ende des Platindrahtes mit Staub in Berührung bringt.

3) *Bei Abwesenheit von Kalium* ergiebt sich das Vorhandensein von Natriumverbindungen *indirect* durch das Verbleiben eines Rückstandes beim Glühen des nach der Beseitigung anderweitig vorhandener Basen erhaltenen Verdampfungsrückstandes.

Das *Spektrum* der Natriumflamme zeigt nur eine, aber sehr glänzende *gelbe* Linie.

Mit Hilfe derselben lässt sich noch ein Dreimillionstel Milligramm Natrium nachweisen. Der Nachweis von Natrium durch das Spektrum ist 3000mal empfindlicher als der von Kalium.

Vorprüfung: a) *gelbe* Flammenfärbung,
b) schmelzbar ohne Farbenänderung,
c) Natrium*phosphate*, *-borate* und *-silicate* geben, mit Kobaltlösung auf Kohle geglüht, blaue Gläser.

3. Ammoniumverbindungen.

Ammoniak NH_3.

In wässrigen Lösungen, welche freies Ammoniak enthalten, nimmt man der Analogie wegen $NH_4(OH)$ (*Ammoniumhydroxyd*) an, welche sich jedoch nicht darstellen lässt:

$$[NH_3 + H_2O = NH_4(OH)].$$

Die Ammoniumsalze sind flüchtig oder zersetzen sich beim Erhitzen unter Bildung von Ammoniak[1] und geben sich daher schon bei der *Vorprüfung* zu erkennen. (Vergl. S. 13.)

1) *Die Prüfung auf Ammoniak* ist in *allen Fällen* und zwar mit der *ursprünglichen* Substanz vorzunehmen. Ein fester Körper wird mit Kalkhydrat verrieben, eine

[1] Enthält das Ammoniumsalz Säuren, welche Sauerstoff beim Erhitzen abgeben, so findet eine weitergehende Zersetzung statt. Ammoniumchromat und -nitrit geben Stickstoff, Ammoniumnitrat Stickoxydul, z. B.:

$$(NH_4)NO_2 = 2N + 2H_2O$$
$$(NH_4)NO_3 = N_2O + 2H_2O \text{ u. s. w.}$$

Lösung mit Natronlauge übersättigt, und die Mischung im ersten Fall im Glühröhrchen im anderen im Probirglas erwärmt:

$$(NH_4)_2SO_4 + Ca(OH)_2 =$$
$$NH_4Cl + NaOH =$$

Die entweichenden Dämpfe zeigen:

a) den charakteristischen Geruch des Ammoniaks,
b) reagiren alkalisch,
c) geben an einem mit Salzsäure befeuchteten Glasstab Salmiaknebel.

2) Die geringste Menge einer Ammoniumverbindung (z. B. im Trinkwasser) lässt sich durch das sogenannte *Nesslersche Reagens* nachweisen. Dasselbe besteht aus einer Lösung von Quecksilberjodid in Jodkalium, vermischt mit Kalilauge und erzeugt einen rostbraunen Niederschlag:

$$2HgJ_2, KJ + 4KOH + NH_4Cl = NHg_2J, H_2O + 5KJ + KCl + 3H_2O$$

Der Niederschlag ist in Ammoniak löslich, entsteht daher nur in *verdünnten* Lösungen.

3) Um *freies* Ammoniak in Lösungen nachzuweisen, versetzt man mit möglichst neutralem *Quecksilberoxydulnitrat;* bei Gegenwart von *freiem* Ammoniak entsteht ein *schwarzer* Niederschlag.

4) Aus Lösungen, welche nur Ammonium- oder Natriumverbindungen enthalten, fällen (vollständig auf Zusatz von Alkohol):

1) *Platinchlorid:* $(NH_4)_2PtCl_6$ gelb, krystallinisch,
2) *saures weinsaures Natron:* $C_4H_5(NH_4)O_6$ weiss, krystallinisch.

Die Niederschläge sind den entsprechenden Kaliumverbindungen sehr ähnlich.

Vorprüfung: a) *flüchtig;*
b) mit Kalkhydrat erwärmt, entweicht Ammoniak.

B) Magnesium.

Die Magnesiumsalze besitzen grosse Neigung, sich mit anderen Salzen, welche *dieselbe* Säure enthalten, zu *Doppelsalzen* zu vereinigen.

Werden die Wasserstoffatome mehrbasischer Säuren durch *verschiedene* Metalle (statt eines Metalls kann auch die NH_4-Gruppe eintreten) ersetzt, so entstehen Doppelsalze, z. B.:

$$\begin{matrix} K \\ Na \end{matrix} SO_4 \qquad \begin{matrix} Na_2 \\ NH_4 \end{matrix} PO_4.$$

Dieselben lassen sich auch als ein Gemisch der entsprechenden normalen Salze auffassen, z. B.:

$$2KNaSO_4 = K_2SO_4, Na_2SO_4$$
$$3Na_2(NH_4)PO_4 = 2Na_3PO_4, (NH_4)_3PO_4 \text{ u. s. w.}$$

Von den Doppelsalzen des Magnesiums sind besonders diejenigen, welche gleichzeitig Ammonium enthalten, wichtig; von diesen ist bei Gegenwart von Ammoniumsalzen und Ammoniak nur das Magnesiumammoniumphosphat unlöslich.

Magnesiumverbindungen.

Magnesiahydrat $Mg(OH)_2$, in Wasser kaum löslich.

1) *Ammoniak* fällt aus Lösungen neutraler Magnesiumsalze die Hälfte der Magnesia in Form eines amorphen Niederschlags, die andere Hälfte bleibt als Doppelsalz in Lösung:

$$2MgCl_2 + 2NH_4OH = Mg(OH)_2 + MgCl_2, 2NH_4Cl.$$

Auf Zusatz von Salmiak (oder andern Ammoniumsalzen) verschwindet der Niederschlag wieder, indem lösliche Doppelsalze, z. B. Magnesiumammoniumchlorid, entstehen:

$$Mg(OH)_2 + 4NH_4Cl =$$

Daher werden bei *Gegenwart von Salmiak* Magnesiumsalze durch *Ammoniak* **nicht** gefällt.[1]

2) *Phosphorsaures Natron* erzeugt bei Gegenwart von freiem Ammoniak oder Ammoniumsalzen einen *krystallinischen* Niederschlag von Magnesiumammoniumphosphat, in verdünnten Lösungen erst nach einiger Zeit:

$$MgSO_4 + NH_4OH + Na_2HPO_4 =$$

Magnesiumammoniumphosphat ist in Säuren leicht, in Wasser kaum löslich, unlöslich in Ammoniak und Ammoniumsalzen.

3. *Bei Abwesenheit von Ammoniumsalzen* fällen:

a) *Kali-, Natron-, Baryt-, Strontian-, Kalkhydrat:* Magnesiahydrat weiss, amorph.

b) *Kalium- und Natriumcarbonat* in der Wärme: basisches Magnesiumcarbonat,[2] weiss, amorph.

$$4MgCl_2 + 4Na_2CO_3 + H_2O = 3MgCO_3,Mg(OH)_2 + CO_2 + 8NaCl$$

c) *Ammoniumcarbonat* aus neutraler concentrirter Lösung: $MgCO_3,(NH_4)_2CO_3$ weiss, krystallinisch.

Vorprüfung: a) unschmelzbar oder schwer schmelzbar ohne Farbenänderung,

b) mit Kobaltlösung auf Kohle geglüht: *fleischrothe Masse.*

---

[1] Aus diesem Grunde ist, um das vorzeitige theilweise Ausfallen der Magnesia zu verhüten, vor dem Zusatz von Ammoniak (Tab. II, Niederschl. durch Schwefelammonium) *Salmiak* zu der zu untersuchenden Lösung hinzuzufügen.

Enthält die Lösung *Phosphorsäure*, deren Anwesenheit sich durch die Vorprüfung zu erkennen ergiebt, so werden die Magnesiumsalze durch Ammoniak als Magnesiumammoniumphosphat gefällt) Salmiak verhindert *diese* Fällung *nicht.*

Die Trennung der Phosphorsäure von der Magnesia geschieht wie die Trennung der Phosphorsäure von den alkalischen Erden nach 2) S. 42.

[2] Ueber basische Salze siehe S. 73.

C) Die alkalischen Erden.

(*Baryum, Strontium, Calcium.*)

Die Lösungen der alkalischen Erden und ihre Salze werden durch *Ammoniumcarbonat* — auch bei Gegenwart von Salmiak — in der Siedehitze vollständig als Carbonate gefällt.

Die *Sulfate* sind wenig löslich oder unlöslich; ihr Verhalten ist wichtig.

Die *Phosphate* sind in Wasser, Ammoniak und den Alkalien unlöslich, leicht löslich dagegen in Salz- und Salpetersäure, frisch gefällt auch in Essigsäure. Daher entsteht, wenn saure Lösungen, welche neben alkalischen Erden zugleich *Phosphorsäure* enthalten, mit Ammoniak, Schwefelammonium u. s. w. versetzt (neutralisirt) werden, ein Niederschlag. Es ist somit wichtig, die Anwesenheit der Phosphorsäure durch die Vorprüfung festzustellen.

Die *Oxalate* verhalten sich ähnlich, daher werden auch bei Gegenwart von *Oxalsäure* die alkalischen Erden aus ihren (sauren) Lösungen durch Ammoniak und Schwefelammonium als Oxalate gefällt. Durch gelindes Glühen entstehen aus den Oxalaten die Carbonate, z. B.:

$$C_2O_4Ca = CaCO_3 + CO.$$

Auch durch längeres Kochen mit einer conc. Lösung von Natriumcarbonat gehen die Oxalate in Carbonate über, z. B.:

$$C_2O_4Ca + Na_2CO_3 = CaCO_3 + C_2O_4Ca_2.$$

Die *Trennung der Phosphorsäure* von den alkalischen Erden lässt sich folgender Weise ausführen: *Trennung der Phosphorsäure von den alkal. Erden.*

1) Man löst das Phosphat in wenig Salzsäure, versetzt die Lösung mit Schwefelsäure und fügt ein der ursprünglichen Lösung gleiches Volum Alkohol hinzu. Nach einiger Zeit filtrirt man den Niederschlag, welcher die alkalischen Erden als Sulfate enthält ab. Dieselben werden in eine Porzellanschale gebracht und mit einer

Lösung von Kaliumcarbonat gekocht. Hierbei gehen die Sulfate in Carbonate über, die nach *sorgfältigem* Auswaschen leicht mit Salzsäure in Lösung gebracht werden können.

2) Man fügt zu der Lösung der Phosphate in wenig Salzsäure Natriumacetat und hierauf Eisenchlorid bis zur röthlichen Färbung. Beim Kochen der Lösung scheidet sich die Phosphorsäure und alles Eisen (zum Theil als Phosphat, zum Theil als basisches Acetat) aus, z. B.:

$$Ca_3(PO_4)_2 + HCl + CH_3COONa + 2FeCl_3 = 2Fe(PO_4) + 3CaCl_2 + NaCl + CH_3COOH.$$

$$FeCl_3 + 3CH_3COONa = (CH_3COO)_3Fe + 3NaCl$$

$$(CH_3COO)_3Fe + 2H_2O = \left.\begin{matrix}(CH_3COO)\\(OH)_2\end{matrix}\right\} Fe + 2CH_3COOH.$$

Das Filtrat enthält die alkalischen Erden als Chloride.

1. Baryumverbindungen.

Barythydrat $Ba(OH)_2$, in 30 Th. kaltem und weniger als 1 Th. kochendem Wasser löslich.

In Lösungen, welche Baryumverbindungen enthalten, entsteht auf Zusatz von:

1) a) *Kali-* oder *Natronlauge* — nur in sehr *concentrirten* Lösungen — ein weisser Niederschlag von Barythydrat.

b) *Ammoniak*, *Schwefelammonium:* kein Niederschlag.

Ist in der Lösung gleichzeitig *Phosphorsäure* oder *Oxalsäure* vorhanden, so fällt auf Zusatz der 1) a) und b) genannten Reagentien *Baryumphosphat* oder *-oxalat* aus. (Vergl. S. 41.)

2) *Ammoniumcarbonat* und anderen löslichen Carbonaten: ein weisser Niederschlag von Baryumcarbonat, löslich in verdünnten Säuren:

$$Ba(NO_3)_2 + (NH_4)_2CO_3 =$$

3) *Binatriumphosphat:* ein weisser Niederschlag von Baryumphosphaten, löslich in verdünnten Säuren, z. B.:

$$BaCl_2 + Na_2HPO_4 = BaHPO_4 + 2NaCl_2.$$

Enthält die Lösung gleichzeitig Ammoniak oder ein anderes freies Alkali, so entsteht normales Phosphat:

$$3BaCl_2 + 2Na_2HPO_4 + 2NH_3 = Ba_3(PO_4)_2 + 4NaCl + 2NH_4Cl.$$

4) a) *Schwefelsäure* und löslichen Sulfaten: ein weisser Niederschlag von Baryumsulfat, unlöslich:

$$Ba(NO_3)_2 + H_2SO_4 =$$

Beim längeren Kochen mit *Kalium*- oder *Natriumcarbonat*, nicht aber durch *Ammoniumcarbonat*, wird das Baryumsulfat in Baryumcarbonat übergeführt:

$$BaSO_4 + Na_2CO_3 =$$

Das Umsetzungsproduct ist nach sorgfältigem Auswaschen in Salzsäure löslich:

$$BaCO_3 + 2HCl =$$

b) *Gypswasser:* augenblickliche Fällung.

c) *Strontiumsulfat:* Trübung.

5) *Kieselfluorwasserstoffsäure:* ein durchscheinender, krystallinischer Niederschlag von Kieselfluorbaryum (Unterschied und Trennung von *Sr* und *Ca*), welches unter dem Mikroskop eine charakteristische Krystallform zeigt:

$$BaCl_2 + H_2SiFl_6 =$$

6) *Kaliumchromat:* ein gelber Niederschlag von Baryumchromat:

$$BaCl_2 + K_2CrO_4 =$$

Der Niederschlag ist in Mineralsäuren löslich, in verdünnter Essigsäure unlöslich. Strontiumchromat ist leicht, Calciumchromat etwas schwerer löslich.

Anmerk. In *Alkohol* sind Baryumchlorid und Baryumnitrat *unlöslich*.

Vorprüfung: a) *grüne Flammenfärbung,*
b) schwer schmelzbar oder unschmelzbar ohne Farbenänderung,
c) mit Kobaltlösung auf Kohle geglüht: *graue Masse.*

2. Strontiumverbindungen.

Strontianhydrat: $Sr(OH)_2$, wenig in kaltem (in 150 Th.), leicht in kochendem (in 4,5 Th.) Wasser löslich.

In Lösungen, welche Strontiumverbindungen enthalten, entsteht auf Zusatz von:

1) a) *Kali-* oder *Natronlauge:* — nur in *concentrirten* Lösungen — ein weisser Niederschlag von Strontianhydrat.

b) *Ammoniak, Schwefelammonium:* kein Niederschlag.

Ist in der Lösung gleichzeitig *Phosphorsäure* oder *Oxalsäure* vorhanden, so fällt auf Zusatz der 1) a) und b) genannten Reagentien *Strontiumphosphat* oder *-oxalat* aus. (Vergl. S. 41.)

2) *Amoniumcarbonat* und anderen löslichen Carbonaten: ein weisser Niederschlag von Strontiumcarbonat, löslich in verdünnten Säuren.

$SrCl_2 + (NH_4)_2CO_3 =$

3) *Binatriumphosphat:* ein weisser Niederschlag von Strontiumphosphaten, löslich in verdünnten Säuren.

$SrCl_2 + Na_2HPO_4 =$

Enthält die Lösung gleichzeitig Ammoniak oder ein anderes freies Alkali, so entsteht normales Phosphat.

$3\,SrCl_2 + 2\,Na_2HPO_4 + 2\,NH_3 =$

4) a) *Schwefelsäure* und löslichen Sulfaten: ein weisser Niederschlag von Strontiumsulfat, sehr schwer in Wasser (in ungef. 7000 Th.) löslich. Oxalsäure bringt in dem mit Ammoniak alkalisch gemachten Filtrat keine Fällung hervor (Unterschied von *Ca*).

$SrCl_2 + H_2SO_4 =$

Beim Digeriren mit einer Lösung von *Ammoniumcarbonat* wird $SrSO_4$ in $SrCO_3$ übergeführt (Unterschied von *Ba*); der abfiltrirte Rückstand ist nach dem Auswaschen in Salzsäure löslich, die Lösung wird durch Gypswasser allmählich getrübt (Unterschied von *Ca*).

Auch Kaliumcarbonat, aber nicht Natriumcarbonat verwandelt das $SrSO_4$ schon *bei gewöhnlicher* Temperatur in $SrCO_3$.

b) *Gypswasser:* eine allmähliche Trübung.

c) *Strontiumsulfat:* keine Trübung (Unterschied von *Ba*).

Anmerk. In *Alkohol* ist Strontiumchlorid *löslich*, Strontiumnitrat *unlöslich.*

Vorprüfung: a) *carminrothe* Flammenfärbung.
b) schwer schmelzbar oder unschmelzbar ohne Farbenänderung,
c) mit Kobaltlösung auf Kohle geglüht: *graue Masse.*

3. Calciumverbindungen.

Kalkhydrat: $Ca(OH)_2$, löst sich sehr wenig in (600 Th. kaltem, noch weniger in etwa 1200 Th. kochendem) Wasser.

In Lösungen, welche Calciumverbindungen enthalten, entsteht auf Zusatz von:

1) a) *Kali-* oder *Natronlauge:* — in nicht zu verdünnten Lösungen — ein weisser Niederschlag von Kalkhydrat;

b) *Ammoniak, Schwefelammonium:* kein Niederschlag.

Ist in der Lösung gleichzeitig *Phosphorsäure* oder *Oxalsäure* vorhanden, so fällt auf Zusatz der 1) a) und b) genannten Reagentien *Calciumphosphat* oder *-oxalat* aus. (Vergl. S. 41.)

2) *Ammoniumcarbonat* und anderen löslichen Carbonaten: ein weisser Niederschlag von Calciumcarbonat, löslich in verdünnten Säuren:

$$Ca(NO_3)_2 + (NH_4)_2CO_3 =$$

3) *Binatriumphosphat:* ein weisser Niederschlag von Calciumphosphaten, löslich in verdünnten Säuren:

$$CaCl_2 + Na_2HPO_4 =$$

Enthält die Lösung gleichzeitig Ammoniak oder ein anderes freies Alkali, so entsteht normales Phosphat:

$$3\,CaCl_2 + 2\,Na_2HPO_4 + 2\,NH_3 =$$

4) *Schwefelsäure* und löslichen Sulfaten: ein weisser Niederschlag von Calciumsulfat, löslich in viel (etwa 500 Th.) Wasser (Gypswasser). In verd. Salz-, Salpetersäure, in Ammoniumsalzen u. s. w. ist Gyps leichter löslich. Der Niederschlag entsteht daher *nicht* in *verdünnten* Lösungen. In dem Filtrat von dem Niederschlag durch Schwefelsäure entsteht nach dem Uebersättigen mit Ammoniak auf Zusatz von *Oxalsäure* eine Trübung (Unterschied von *Ba* und *Sr*).

Versetzt man Gypswasser mit dem gleichen Volumen Alkohol, so fällt das gelöste $CaSO_4$ aus. Durch gleichzeitigen Zusatz von Alkohol kann man daher Kalksalzlösungen mit Schwefelsäure vollständig fällen. Vergl. 1) S. 41.

$$Ca(NO_3)_2 + H_2SO_4 =$$
$$CaSO_4 + (COO)_2(NH_4)_2 =$$

Eine Lösung von Ammoniumcarbonat verwandelt $CaSO_4$ *in der Kälte* allmählich in $CaCO_3$ (Untersch. von *Ba*).

Dieselbe Umwandlung bewirken Kalium- und Natriumcarbonat.

Anmerk. In *Alkohol* sind Calciumchlorid und Calciumnitrat *löslich.*

Vorprüfung: a) *gelbrothe* Flammenfärbung,
b) schwer schmelzbar oder unschmelzbar ohne Farbenänderung,
c) mit Kobaltlösung auf Kohle geglüht: *graue Masse.*

Zweite Hauptgruppe.

Aluminium, Chrom. — Eisen, Nickel, Kobalt, Mangan, Zink.

Die zweite Gruppe umfasst diejenigen Metalle, deren Verbindungen durch *Schwefelammonium* aus *neutralen* oder *ammoniakalischen* Lösungen *bei Gegenwart von Salmiak* —

jedoch nicht durch Schwefelwasserstoff aus sauren Lösungen — *gefällt werden.*[1]

Diese Gruppe zerfällt in zwei Unterabtheilungen, je nachdem die entstehenden Niederschläge sind:

A) Oxydhydrate (Aluminium, Chrom).

B) Schwefelmetalle (Eisen, Nickel, Kobalt, Mangan, Zink).

A) Erste Unterabtheilung.

(*Aluminium*, *Chrom.*)

Die löslichen Verbindungen der Thonerde und des Chromoxyds unterscheiden sich von denen der übrigen Metalloxyde dieser Gruppe (*Eisenoxyd*verbindungen ausgenommen) dadurch, dass sie durch Ammoniak, auch bei Gegenwart von Salmiak, vollständig gefällt werden. In Kali- und Natronlauge sind ihre Hydrate löslich, Eisenoxydhydrat dagegen unlöslich; von den in diese Gruppe gehörigen Oxydhydraten löst sich nur noch das Zinkoxydhydrat in den genannten Alkalien.

---

[1] Sind in der zu untersuchenden Lösung *neben Phosphors.* oder *Oxals.* gleichzeitig alkal. Erden oder Magnesia vorhanden — in diesem Fall ist der ursprüngliche Körper in Wasser nicht löslich — so werden durch Ammoniak und Schwefelammonium auch die Phosphate und Oxalate der alkal. Erden bezw. Magnesiumammoniumphosphat gefällt; enthält die Lösung *Phosphors.* und Thonerde, so fällt Aluminiumphosphat aus.

Bei der Analyse ist daher zu beachten, dass der durch Ammoniak und Schwefelammonium entstehende Niederschlag enthalten kann: A) Oxydhydrate, B) Schwefelmetalle, C) Salze (Phosphate und Oxalate).

Ueber den Gang der Analyse bei Gegenwart von Phosphors. oder Oxals. und alkal. Erden, bezw. Magnesia vergl. S. 31. Werden die alkal. Erden von der Phosphors. durch Kochen mit Eisenchlorid nach 2) S. 42 getrennt, so geht in den Niederschlag, welcher alles Eisen und die Phosphors. enthält, wenn gleichzeitig Thonerde vorhanden ist — auch die Thonerde über. Zum Nachweis der Thonerde löst man den Niederschlag in Salzsäure, übersättigt die Lösung mit Barytwasser, kocht, filtrirt ab und fällt im Filtrat die Thonerde durch Kochen mit Salmiak.

1. Aluminiumverbindungen.

Thonerdehydrat $Al(OH)_3$ bildet als *schwache Base* nur mit starken Säuren Salze, nicht aber mit Kohlensäure und Schwefelwasserstoff. Unter dem Einfluss starker Basen nimmt die Thonerde den Charakter einer *schwachen Säure* an und bildet *Aluminate*, welche sich von dem Oxydhydrat $AlO(OH)$ ableiten lassen, z. B. $AlO(OK)$ Kaliumaluminat, $AlO(ONa)$ Natriumaluminat; die entsprechende Ammoniumverbindung existirt nicht.

In neutralen oder sauren Aluminiumsalzlösungen erzeugen:

1) *Ammoniak:* einen farblosen voluminösen Niederschlag von Thonerdehydrat, der sich im Ueberschusse des Fällungsmittels auch bei Gegenwart von Salmiak *nicht* löst. (Unterschied von *Mg* und *Zn.*):

$$AlCl_3 + 3 NH_4OH = Al(OH)_3 + 3 NH_4Cl.$$

2) *Kali-* oder *Natronlauge:* einen Niederschlag von Thonerdehydrat, der sich im Ueberschuss der Alkalien löst und beim Kochen *nicht* wieder abscheidet:

$$Al_2(SO_4)_3 + 6 NaOH = 2 Al(OH)_3 + 3 Na_2SO_4$$
$$2 Al(OH)_3 + 2 NaOH = 2 AlO(ONa) + 4 H_2O.$$

NB. Aus der alkalischen Lösung fällt *Salmiak* beim Kochen Thonerdehydrat:

$$AlO(ONa) + NH_4Cl + H_2O = Al(OH)_3 + NaCl + NH_3$$

3) *Schwefelammonium*, *Ammoniumcarbonat:* einen Niederschlag von Thonerdehydrat, unlöslich im Ueberschuss der Fällungsmittel:

$$2 AlCl_3 + 3(NH_4)_2S + 6 H_2O = 2 Al(OH)_3 + 6 NH_4Cl + 3 H_2S$$
$$2 AlCl_3 + 3(NH_4)_2CO_3 + 3 H_2O =$$

NB. Nicht flüchtige organische Säuren (Weinsäure) u. s. w. verhindern die Fällung der Thonerde durch Schwefelammonium und durch Alkalien. — Enthält die zu untersuchende Lösung gleichzeitig *Phosphorsäure*, so besteht der Niederschlag ad 1 bis 3 aus im Ueberschuss von Kali- und Natronlauge löslichem *Aluminiumphosphat*, in welchem sich die Phosphorsäure leicht mit Ammoniummolybdat nachweisen lässt. — Enthält die Lösung gleichzeitig ein *Magnesiumsalz*, so besteht der Niederschlag ad 1 bis 3 aus *Magnesiumaluminat* $(AlOO)_2Mg$, das sich im Ueberschuss von Kali- und Natronlauge nicht löst; dasselbe wird durch Kochen mit Salmiak in Thonerdehydrat und das lösliche Magnesiumdoppelsalz $MgCl_2, 2NH_4Cl$ übergeführt. Ueber die Trennung der Phosphorsäure von der Thonerde vergl. S. 47.

Vorprüfung: a) unschmelzbar ohne Farbenänderung,
b) mit Kobaltlösung auf Kohle geglüht: *blauviolette Masse.*

Anmerk. Aluminium wird von Salzsäure, in der Wärme auch von verdünnter Schwefelsäure, sowie von Kali- und Natronlauge unter Wasserstoffentwickelung gelöst:

$$Al + 3HCl = AlCl_3 + 3H$$
$$Al + KHO + H_2O = AlOOK + 3H.$$

Salpetersäure verändert Aluminium *nicht.*

2. Chromverbindungen.

Chromoxydhydrat $Cr(OH)_3$ schwache Base, verbindet sich nicht mit Kohlensäure und Schwefelwasserstoff. Die Lösungen der Chromoxydverbindungen sind *grün* oder *violett* gefärbt.

Chromsäureanhydrid CrO_3, die entsprechenden Hydrate:
H_2CrO_4, von welchem sich die *Chromate* (gelb), und
$H_2Cr_2O_7$, von welchem sich die Bichromate (orange) ableiten, sind nicht bekannt.[1]

1) Durch *Schwefelwasserstoff* werden

a) Lösungen, welche *Chromoxyd* enthalten, *nicht* verändert,

b) *Chromate* und *Bichromate* zu Chromoxyd reducirt; ist die Lösung sauer, so scheidet sich nur *Schwefel* ab, z. B.:

$$K_2Cr_2O_7 + 3H_2S + 8HCl = 2CrCl_3 + 2KCl + 7H_2O + 3S.$$

[1] Das Verhalten der *Chromsäure* siehe unter Säuren (Gruppe III, 5), S. 107.

NB. In der mit Schwefelwasserstoff behandelten *grünen* Lösung hat man daher *nur auf Chromoxyd* Rücksicht zu nehmen. In derselben erzeugen:

2) *Ammoniak:* einen graugrünen Niederschlag von Chromoxydhydrat, welches in der Kälte mit violetter Farbe etwas löslich ist; beim Kochen der Lösung scheidet sich das Chromoxydhydrat vollständig ab.

$$Cr_2(SO_4)_3 + 6NH_4OH =$$

3) *Kali-* oder *Natronlauge:* mattgrüne Niederschläge, die sich auf weiteren Zusatz mit schön grüner Farbe lösen; beim Kochen der Lösung scheidet sich das Chromoxydhydrat wieder aus. (Prüfe den Niederschlag in der Phosphorsalzperle.)

4) *Schwefelammonium, Ammoniumcarbonat:* einen Niederschlag von Chromoxydhydrat:

$$2CrCl_3 + 3(NH_4)_2S + 6H_2O =$$

$$Cr_2(SO_4)_3 + 3(NH_4)_2CO_3 + 3H_2O =$$

5) Alkalische Lösungen prüft man auf Chromoxyd

a) durch Kochen für sich,

b) durch Kochen mit *Bleisuperoxyd* (und Natronlauge.) Die grüne Lösung färbt sich allmählich gelb, indem das *Chromoxyd* in *Chromsäure* übergeht. Nach dem Abfiltriren vom nicht verbrauchten Bleisuperoxyd erhält man auf Zusatz von Essigsäure einen gelben Niederschlag von *Bleichromat:*

$$2Cr(OH)_3 + 3PbO_2 + 4NaOH = 2Na_2CrO_4 + 3PbO + 5H_2O$$

$$2Na_2CrO_4 + 3PbO + 6CH_3COOH = 2PbCrO_4 + Pb(CH_3COO)_2 + 4CH_3COONa + 3H_2O.$$

Vorprüfung: a) alle Chromverbindungen färben die Phosphorsalzperle *grün;*

b) *Chromsäure* und ihre Salze entwickeln beim Erwärmen mit concentrirter Schwefelsäure *Sauerstoff.*

B) Zweite Unterabtheilung.

(*Eisen, Nickel, Kobalt, Mangan, Zink.*)

Mit Ausnahme des Zinks verbinden sich die hierhergehörigen Metalle in *zwei verschiedenen Verhältnissen mit Sauerstoff,* entsprechend den allgemeinen Formeln $M''O$ zu *Oxydulen* und M'''_2O_3 zu *Oxyden.*[1] Die Oxydule sind stärkere Basen als die Oxyde, von denen sich nur das Eisenoxyd mit Säuren zu beständigen, einfachen Salzen vereinigt. Von dem Kobaltoxyd sind einige Doppelsalze bekannt.

Gegen *Ammoniak* verhalten sich im Allgemeinen die Oxydulsalze wie die *Magnesiumsalze* (d. h. sie werden bei Gegenwart einer hinreichenden Menge von Salmiak *nicht* oder nicht vollständig gefällt), die Oxydsalze wie die *Aluminiumsalze* (d. h. sie werden als Oxydhydrate gefällt).

Die Metalle dieser Unterabtheilung lösen sich unter Entwickelung von Wasserstoff mehr oder weniger leicht in Salzsäure und verdünnter Schwefelsäure; hierbei entstehen *Oxydulsalze.*

1. Eisenverbindungen.

Eisenoxydulhydrat $Fe(OH)_2$, die Lösungen der Eisenoxydulsalze sind *farblos* oder *grün.*

Eisenoxydhydrat $Fe(OH)_3$, die Lösungen der Eisenoxydsalze *gelb* oder *braun* gefärbt.

Die Eisenoxydulverbindungen gehen sehr leicht in die entsprechenden Oxydverbindungen über. Diese Oxydation findet in vielen Fällen bereits durch die Einwirkung des Sauerstoffs der stets feuchten *Luft* statt, z. B.:

$$2Fe(OH)_2 + O + H_2O = 2Fe(OH)_3.$$

[1] Vom Mangan sind fünf Oxydationsstufen bekannt, von denen die sauerstoffreichsten den Charakter von Säuren haben.

Es ist daher schwierig, Lösungen von Eisenoxydulsalzen *ganz frei* von Eisenoxyd herzustellen, somit werden die Reactionen der Eisenoxydulsalze oft getrübt. Die Eisenoxydverbindungen lassen sich umgekehrt leicht durch Reductionsmittel in Oxydulverbindungen überführen, z. B. durch

1) *Schwefelwasserstoff;* die gelb oder braun gefärbten Lösungen werden unter Abscheidung von Schwefel und Bildung von Eisenoxydulsalz entfärbt (Unterschied von Eisenoxydul):

$$2FeCl_3 + H_2S = 2FeCl_2 + S + 2HCl.$$

2) *Schwefelammonium* fällt aus Eisensalzlösungen schwarzes Schwefeleisen (FeS), welchem, wenn die Lösung Eisenoxydsalz enthielt, Schwefel beigemengt ist:

$$FeCl_2 = (NH_4)_2S =$$
$$2FeCl_3 = 3(NH_4)_2S =$$

Das Schwefeleisen geht an der Luft rasch in rostbraunes basisches Eisenoxydsalz über. In verdünnten Säuren ist Schwefeleisen leicht löslich; die Lösung enthält Oxydulsalz, welches beim Kochen mit Salpetersäure in Oxydsalz übergeht, z. B.:

$$FeS + 2HCl = FeCl_2 + H_2S$$
$$3FeCl_2 + 3HCl + HNO_3 = 3FeCl_3 + 2H_2O + NO.$$

3) *Natron-*, *Kalilauge* oder *Ammoniak* fällen aus Lösungen

a) der Eisenoxydsalze: rostbraunes *Oxydhydrat*, unlöslich im Ueberschuss des Fällungsmittels:

$$Fe_2(SO_4)_3 + 6NH_4OH =$$

b) der Eisenoxydulsalze: *Oxydulhydrat*, welches in Folge der Einwirkung des Sauerstoffs der Luft rasch schmutziggrün wird und allmählich in braunes Oxydhydrat übergeht:

$$Fe(SO_4) + 2NaOH =$$
$$2Fe(OH)_2 + H_2O + O =$$

NB. Bei Gegenwart von Ammoniumsalzen ist die Fällung der Eisenoxydulsalze durch Ammoniak eine unvollständige.

4) *Natriumcarbonat* und andere lösliche Carbonate fällen aus Lösungen

a) der Eisenoxydsalze: *Eisenoxydhydrat*;

$$2FeCl_3 + 3Na_2CO_3 + 3H_2O =$$

b) der Eisenoxydulsalze: *Eisenoxydulcarbonat*, welches an der Luft in *Oxydhydrat* übergeht:

$$FeCl_2 + Na_2CO_3 =$$
$$..FeCO_3 + \;....\; =$$

NB. Enthält die zu untersuchende Lösung gleichzeitig Phosphorsäure oder Oxalsäure, so enthalten die Niederschläge ad 3 und 4 die entsprechenden Phosphate und Oxalate des Eisens.

5) *Natriumphosphat* und andere lösliche Phosphate fällen aus Lösungen

a) der Eisenoxydsalze: gelblich weisses *Eisenoxydphosphat*, löslich in Salzsäure, unlöslich in Essigsäure; bei Gegenwart von überschüssigem Natriumphosphat in Ammoniak löslich:

$$FeCl_3 + Na_2HPO_4 + CH_3COONa =$$

b) der Eisenoxydulsalze: weisses Eisenoxydulphosphat, welches an der Luft in Eisenoxydphosphat übergeht.

6) *Essigsaures Natron* bewirkt in kalten Lösungen neutraler *Eisenoxyd*salze die Bildung von *Eisenoxydacetat;* die Lösung färbt sich *blutroth:*

$$FeCl_3 + 3CH_3COONa = (CH_3COO)_3Fe + 3NaCl,$$

beim Kochen fällt alles Eisen als basisches Eisenacetat aus:

$$(CH_3COO)_3Fe + 2H_2O = \left.\begin{matrix}(CH_3COO)\\(OH)_2\end{matrix}\right\} Fe + 2CH_3COOH.$$

NB. *Weinsäure* u. s. w. verhindert die Fällungen ad 3 bis 6.

7) *Ferrocyankalium* erzeugt in neutralen und sauren Lösungen

a) der Eisenoxydsalze: sofort einen tiefblauen Niederschlag (Berlinerblau),

$$2Fe_2(SO_4)_3 + 3[K_4(FeCy_6)] = Fe_4(FeCy_6)_3 + 6K_2SO_4.$$

b) der Eisenoxydulsalze: einen weissen, rasch blau werdenden Niederschlag,

$$FeSO_4 + K_4(FeCy_6) = K_2Fe(FeCy_6) + K_2SO_4.$$

Natron- und Kalilauge zerlegen die Niederschläge rückwärts in Ferrocyankalium und Oxyd- oder Oxydulhydrat, z. B.:

$$Fe_4(FeCy_6)_3 + 12KHO = 4Fe(OH)_3 + 3[K_4(FeCy_6)].$$

8) *Ferricyankalium* erzeugt in neutralen und sauren Lösungen

a) der Eisenoxydsalze: eine braune Färbung.

b) der Eisenoxydulsalze: einen tiefblauen Niederschlag (Turnbullblau),

$$3FeSO_4 + K_6(FeCy_6)_2 = Fe_3(FeCy_6)_2 + 3K_2SO_4.$$

9) *Eisenoxydsalze* werden selbst in stark verdünnten Lösungen durch *Schwefelcyankalium* (Rhodankalium) blutroth, durch *Gerbsäurelösung* (Tannin) tintenschwarz gefärbt (Unterschied von Eisenoxydul).

NB. Enthält die zu untersuchende Substanz Eisen in Form von *Ferrocyan-* oder *Ferricyan*verbindungen, so treten die angegebenen Reaktionen erst ein, nachdem die Cyangruppe durch Erwärmen mit conc. Schwefelsäure zerstört worden ist. Befindet sich das Eisen in Form des von der Pyrophosphorsäure sich ableitenden Doppelsalzes $Na_8Fe_4(P_2O_7)_5$ in Lösung, so treten die meisten der angegebenen Reaktionen nicht ein, durch Schwefelammonium wird jedoch FeS gefällt.

Vorprüfung: a) Die mit Eisenverbindungen in der Oxydations- oder Reductionsflamme zusammengeschmolzene Phosphorsalzperle ist heiss *rothbraun* gefärbt, beim Erkalten wird die Perle *heller*, gelbbraun, grünlich und schliesslich *nahezu farblos*, (stark gesättigt, grau),

b) mit Soda auf Kohle geschmolzen: graues *magnetisches* Metallpulver.

Anmerk. Eisen wird von Salzsäure und verdünnter Schwefelsäure leicht zu Oxydulsalz gelöst.

2. Nickelverbindungen.

Nickeloxydulhydrat $Ni(OH)_2$, die Lösungen der Salze in Wasser und Säuren sind grün gefärbt.

Nickeloxydhydrat Ni_2O_3, H_2O bildet keine Salze.

1) *Schwefelwasserstoff* erzeugt in Nickelsalzlösungen, welche *freie Mineralsäuren* enthalten, *keinen* Niederschlag; enthält die Lösung nur freie *Essigsäure,* so entsteht ein schwarzer Niederschlag von Schwefelnickel (NiS) (Unterschied von *Mn* und *Fe*).

2) *Schwefelammonium* fällt schwarzes Schwefelnickel, in überschüssigem Schwefelammonium mit *schwarzbrauner* Farbe etwas *löslich.* Das Filtrat vom Schwefelammoniumniederschlag ist daher schwarzbraun gefärbt (charakteristisch für Nickel). Beim Kochen des Filtrats, besonders nach Zusatz von Essigsäure, scheidet sich das gelöste Schwefelnickel allmählich aus:

$$NiSO_4 + (NH_4)_2S = NiS + (NH_4)_2SO_4.$$

Schwefelnickel ist in verdünnter Salzsäure unlöslich, in concentrirter Salzsäure wenig löslich; beim Behandeln mit Salpetersäure oder Königswasser geht es in *Oxydulsalz* über:

$$3NiS + 6HCl + 2HNO_3 = 3NiCl_2 + 3S + 2NO + 4H_2O$$

$$3NiS + 8HNO_3 =$$

3) *Natron-* oder *Kalilauge* fällen blassgrünes Oxydulhydrat, im Ueberschuss des Fällungsmittels unlöslich, löslich in Ammoniumsalzen:

$$NiSO_4 + 2NaOH =$$

$$Ni(OH)_2 + 4NH_4Cl = NiCl_2, 2NH_4Cl + 2NH_4OH.$$

Fügt man zu Nickelsalzlösungen Natronlauge im Ueberschuss und hierauf, ohne zu filtriren, *Bromwasser,* so geht das *grüne* Oxydulhydrat in *schwarzes* Nickeloxydhydrat über:

$$2Ni(OH)_2 + 2Br + 2NaOH = Ni_2O_3, H_2O + 2NaBr + 2H_2O.$$

Auf Zusatz von viel Cyankalium oder von Essigsäure verschwindet der schwarze Niederschlag wieder (Unterschied von *Co*).

4) *Ammoniak* bewirkt nur in neutralen Lösungen einen *vorübergehenden*, in hinreichend sauren Lösungen, sowie bei Gegenwart von Ammoniumsalzen dagegen *keinen Niederschlag;* die ursprünglich grüne Farbe der Lösung geht in eine blaue über.

5) Versetzt man eine Nickelsalzlösung mit *Cyankalium*, so löst sich der anfangs entstehende *blassgrüne Niederschlag* von Nickelcyanür $NiCy_2$ auf weiteren Zusatz mit gelber Farbe zu dem Doppelsalz $NiCy_2, 2KCy$ wieder auf:

$$NiSO_4 + 2KCy = NiCy_2 + K_2SO_4$$
$$NiCy_2 + 2KCy = NiCy_2, 2KCy.$$

Fügt man zur Lösung des Doppelsalzes, die nur einen sehr geringen Ueberschuss von Cyankalium enthält, Natronlauge und hierauf *Bromwasser* oder *Natriumhypochlorit* hinzu (wobei darauf zu achten ist, dass die Lösung alkalisch bleibt), so entsteht, in der Kälte allmählich, beim Erwärmen sogleich, ein fein vertheilter, *tintenschwarzer Niederschlag* von *Nickeloxydhydrat* (Unterschied von Kobalt):

$$2[NiCy_2, 2KCy] + 6KOH + 2Br = Ni_2O_3, H_2O + 8KCy + 2KBr + 2H_2O.$$

Vorprüfung: a) Phosphorsalzperle wie bei Eisen, die erkaltete Perle ist stark gesättigt: *gelblich* gefärbt,

b) mit Soda auf Kohle geschmolzen: graues *magnetisches* Metallpulver.

Anmerk. Nickel wird von Salzsäure und verdünnter Schwefelsäure langsam, von Salpetersäure rasch gelöst.

3. Kobaltverbindungen.

Kobaltoxydulhydrat $Co(OH)_2$, die Salze sind in Wasser mit rother Farbe löslich; concentrirte Lösungen sind bei Gegenwart freier Säuren gewöhnlich blau gefärbt.

Kobaltoxydhydrat $Co(OH)_3$, einfache Salze sind nicht bekannt; analytisch wichtig sind die Doppelsalze:

$$Co(NO_2)_3, 3KNO_2 \text{ und } CoCy_3, 3KCy.$$

1) Gegen *Schwefelwasserstoff* und *Schwefelammonium* verhalten sich die Kobaltsalze wie die Nickelsalze; jedoch ist Schwefelkobalt in Schwefelammonium *nicht* löslich:

$$CoSO_4 + (NH_4)_2S =$$

$$3\,CoS + 6\,HCl + 2\,HNO_3 =$$

2) *Natron-* oder *Kalilauge* fällen in der Kälte blaue basische Salze, welche beim Erhitzen unter Luftabschluss in rosa gefärbtes *Kobaltoxydulhydrat* $Co(OH)_2$ übergehen:

$$CoSO_4 + 2\,NaOH =$$

Kocht man bei Luftzutritt, so entsteht allmählich schmutziggrünes *Kobaltoxyduloxyd.*

Fügt man zu Kobaltsalzlösungen Natronlauge im Ueberschuss und hierauf, ohne zu filtriren, *Bromwasser,* so geht das blaue basische Salz in *schwarzes* Kobaltoxydhydrat über:

$$2\,Co(OH)_2 + 2\,Br + 2\,NaOH =$$

Dieselbe Veränderung findet statt, wenn man statt Bromwasser eine Lösung von *Wasserstoffsuperoxyd* anwendet (Unterschied von *Ni,* welches unter diesen Umständen nicht in Oxyd übergeht).

Auf Zusatz von *Cyankalium* oder *Essigsäure* verschwindet der schwarze Niederschlag *nicht* (Unterschied von *Ni*).

3) *Ammoniak* bewirkt nur in neutralen Lösungen einen *vorübergehenden,* in hinreichend sauren Lösungen, sowie bei Gegenwart von Ammoniumsalzen dagegen

keinen Niederschlag; die Lösung wird rothgelb und nimmt bald eine schmutzig braune Färbung an.

4) *Cyankalium* bringt in Kobaltsalzlösungen zunächst einen rothbraunen Niederschlag von Kobalcyanür $CoCy_2$ hervor, der sich auf weiteren Zusatz von Cyankalium wieder mit brauner Farbe löst. Fügt man zu der mit Natronlauge alkalisch gemachten Lösung *Bromwasser*, so entsteht *kein* Niederschlag (Unterschied von *Ni*).

Das *Kobaltoxydul*-Doppelsalz $CoCy_2, 2KCy$ geht hierbei in das *lösliche Kobaltoxyd*-Doppelsalz $CoCy_3, 3KCy$ über:

$$CoCy_2 + 4KCy + Br = CoCy_3, 3KCy + KBr.$$

5) *Kaliumnitrit* erzeugt in nicht zu verdünnten Lösungen bei Gegenwart von wenig freier Essigsäure oder Salpetersäure einen gelben krystallinischen Niederschlag von *Kobaltoxydkaliumnitrit* $Co(NO_2)_3, 3KNO_2$ (Unterschied von *Ni*):

$$CoSO_4 + 7KNO_2 + 2CH_3COOH = Co(NO_2)_3 3KNO_2$$
$$+ K_2SO_4 + 2CH_3COOK + NO + H_2O.$$

Vorprüfung: a) *blaue* Phosphorsalzperle,
b) mit Soda auf Kohle geschmolzen: graues *magnetisches* Metallpulver.

Anmerk. Kobalt wird von Salzsäure und verdünnter Schwefelsäure langsam, von Salpetersäure rasch gelöst.

4. Manganverbindungen.

Manganoxydulhydrat $Mn(OH)_2$, Base, bildet beständige Salze; die Lösungen der Salze sind farblos oder kaum (blassröthlich) gefärbt.

Manganoxydhydrat Mn_2O_3, H_2O, bildet unter gewöhnlichen Verhältnissen keine Salze.

Mangansuperoxyd MnO_2, indifferent.

Manganate M'_2MnO_4, lassen sich von der *Mangansäure* H_2MnO_4, welche nicht darstellbar ist, ableiten; die Salze und ihre Lösungen sind blaugrün gefärbt.

Permanganate $M'MnO_4$, lassen sich von der *Uebermangansäure* $HMnO_4$, deren Anhydrid Mn_2O_7 nur existirt, ableiten; die Salze und ihre Lösungen sind intensiv carmoisinroth gefärbt.

In neutraler und saurer Lösung sind die Manganoxydulsalze sehr beständig, selbst Salpetersäure oxydirt sie nicht höher (Unterschied von Eisen), in ammoniakalischer Lösung oder in Berührung mit *alkalischen* Flüssigkeiten dagegen werden die Manganoxydulverbindungen schon durch den Sauerstoff der Luft zu Manganoxydhydrat oxydirt. Die Mangansäuren werden durch Reductionsmittel leicht in die niederen Oxydationsstufen des Mangans übergeführt. In hinreichend saurer Lösung entsteht hierbei *nur Manganoxydulsalz* (die Lösung wird farblos), in neutraler oder alkalischer Lösung unlösliches schwarzbraunes Mangansuperoxyd- und Manganoxydhydrat.

1) Durch *Schwefelwasserstoff* werden in saurer Lösung alle höheren Oxydationsstufen des Mangans unter Abscheidung von Schwefel zu *Manganoxydulsalz* reducirt, z. B.:

$$2KMnO_4 + 5H_2S + 6HCl = 2MnCl_2 + 2KCl + 5S + 8H_2O.$$

NB. *In der mit Schwefelwasserstoff behandelten Lösung* hat man daher *nur auf Manganoxydulsalze* Rücksicht zu nehmen; aus derselben fällt:

2) *Schwefelammonium* (nach Zusatz von Salmiak und Ammoniak): blassröthlich gefärbtes Schwefelmangan *MnS*, leicht löslich in Salz- und Essigsäure:

$$MnSO_4 + (NH_4)_2S =$$

Der Niederschlag geht an der Luft allmählich unter Abscheidung von Schwefel in braunes Manganoxydhydrat über:

$$2MnS + 3O + H_2O = Mn_2O_3, H_2O + 2S.$$

3) *Natron-* oder *Kalilauge:* weisses Manganoxydulhydrat $Mn(OH)_2$, im Ueberschusse des Fällungsmittels unlöslich, löslich in Salmiak. Der Niederschlag, wird an der Luft rasch braun und löst sich dann nicht mehr in Salmiak:

$$MnCl_2 + 2NaOH =$$
$$Mn(OH)_2 + 4NH_4Cl =$$
$$2Mn(OH)_2 + O =$$

4) *Natriumcarbonat:* weisses Mangancarbonat, welches durch den Sauerstoff der Luft allmählich, durch Bromwasser sofort in Manganoxydhydrat verwandelt wird:

$$MnCl_2 + Na_2CO_3 =$$
$$2MnCO_3 + 2Br + 2H_2O =$$

5) *Ammoniak* bewirkt in neutralen Lösungen eine theilweise Fällung, in hinreichend sauren Lösungen, sowie bei Gegenwart von Ammoniumsalzen keinen Niederschlag. Die Lösung trübt sich allmählich an der Luft in Folge der Bildung von Manganoxydhydrat, z. B.:

$$2[MnSO_4, (NH_4)_2SO_4] + 4NH_4(OH) + O = 4(NH_4)_2SO_4 + Mn_2O_3, H_2O + H_2O.$$

6) *Wasserstoffsuperoxyd, Bromwasser,* sowie *Natriumhypochlorit* erzeugen in neutralen oder alkalischen Lösungen nach Zusatz von Natriumacetat einen schwarzbraunen Niederschlag von Mangansuperoxydhydrat, bezw. Manganoxydhydrat; derselbe ist in kalter Salzsäure mit brauner Farbe etwas löslich, concentrirte Salzsäure löst ihn in der Wärme unter Entwickelung von Chlor zu Manganchlorür:

$$2MnCl_2 + NaClO + 3H_2O + 4CH_3COONa = Mn_2O_3, H_2O + 5NaCl + 4CH_3COOH$$
$$2MnCl_2 + 2Br + \ldots =$$
$$Mn_2O_3, H_2O + 6HCl =$$

7) Uebergiesst man *Bleisuperoxyd* mit verdünnter Salpetersäure und fügt *eine Spur* einer Manganverbindung hinzu, so entsteht beim Kochen Uebermangansäure, welche die Flüssigkeit intensiv roth färbt:

$$2MnSO_4 + 5PbO_2 + 6HNO_3 = 2HMnO_4 + 2PbSO_4 + 3Pb(NO_3)_2 + 2H_2O.$$

Eisenoxydulsalze, Oxalsäure und andere Reductionsmittel reduciren die Uebermangansäure und ihre Salze in saurer Lösung zu farblosem Manganoxydulsalz:

$$2KMnO_4 + 10FeSO_4 + 8H_2SO_4 = 2MnSO_4 + K_2SO_4 + 5Fe_2(SO_4)_3 + 8H_2O$$

$$2KMnO_4 + 5C_2H_2O_4 + 3H_2SO_4 = 2MnSO_4 + K_2SO_4 + 10CO_2 + 8H_2O.$$

8) Erhitzt man ein wenig einer Manganverbindung mit *Soda* und *Salpeter* auf Platinblech, so erhält man eine *blaugrüne* Schmelze von *Natriummanganat* (empfindlicher Nachweis von Mangan); z. B.:

$$MnCl_2 + 2KNO_3 + 2Na_2CO_3 = Na_2MnO_4 + 2KNO_2 + 2NaCl + 2CO_2.$$

Vorprüfung: a) Phosphorsalzperle in der Oxydationsflamme: *violett*, in der Reductionsflamme *farblos*. Berührt man die noch heisse, nur Spuren einer Manganverbindung enthaltende Perle mit einem Salpeterkrystall, so verwandelt sich die farblose Perle in eine *rothe schaumige* Masse.

b) *Uebermangansaure Salze* werden beim Erhitzen mit concentrirter Schwefelsäure zunächst in Mn_2O_7 verwandelt, welches beim weiteren Erhitzen unter Detonation zerfällt. (**Vorsicht!**)

Anmerk. Mangan wird von verdünnter Salzsäure leicht zu Oxydulsalz gelöst.

5. Zinkverbindungen.

Zinkoxydhydrat $Zn(OH)_2$ bildet mit allen Säuren Salze; mit den Alkalien vereinigt es sich unter Wasseraustritt zu den löslichen salzartigen Verbindungen $Zn(OK)_2$ und $Zn(ONa)_2$.

1) *Schwefelwasserstoff* erzeugt in den Lösungen der Zinksalze, welche *freie Mineralsäuren* enthalten, *keinen* Niederschlag; ist *nur* freie *Essigsäure* vorhanden, so wird weisses Schwefelzink ZnS gefällt.

2) *Schwefelammonium* fällt weisses Schwefelzink:

$$ZnSO_4 + (NH_4)_2S =$$

3) *Kali-* und *Natronlauge* erzeugen zunächst einen *weissen* Niederschlag von Zinkoxydhydrat, der sich im Ueberschuss des Fällungsmittels wieder auflöst:

$$ZnCl_2 + 2NaOH =$$
$$Zn(OH)_2 + 2NaOH =$$

4) *Ammoniak* und *Ammoniumcarbonat* bewirken in neutralen Lösungen einen im Ueberschuss des Fällungsmittels leicht löslichen Niederschlag. In hinreichend sauren Lösungen, sowie bei Gegenwart von Ammoniumsalzen entsteht *kein* Niederschlag (Unterschied von *Al*).

Kocht man die Lösung des Zinkoxydhydrats in den unter 3 und 4 genannten Reagentien, so entsteht, *wenn nur ein geringer Ueberschuss derselben* zum Lösen verwendet wurde, ein *weisser* Niederschlag von basischem Salz (Unterschied von *Al*).

Aus allen alkalischen Lösungen wird durch Schwefelwasserstoff *weisses* Schwefelzink gefällt (Unterschied von *Al*).

5) *Natriumcarbonat* fällt Zinkcarbonat, welches bei *Abwesenheit* von Ammoniumsalzen im Ueberschuss des Fällungsmittels unlöslich ist:

$$ZnSO_4 + Na_2CO_3 =$$

Vorprüfung: a) mit Kobaltlösung auf Kohle geglüht: *grüne* Masse,
b) mit Soda auf Kohle geschmolzen: *weisser* Beschlag *ohne* Metallkörner.

Anmerk. Zink wird von verdünnten Säuren, sowie von Kali-, Natronlauge und Ammoniak gelöst.

Dritte Hauptgruppe.

Silber, Quecksilber, Blei, Kupfer, Wismuth, Kadmium. — Arsen, Antimon, Zinn.

Die dritte Gruppe umfasst diejenigen Metalle, deren Verbindungen in *saurer* Lösung durch *Schwefelwasserstoff gelöst werden.*

Die entstehenden Schwefelmetalle (Sulfide) sind nach dem Abfiltriren und Auswaschen in *Schwefelammonium* entweder *löslich* oder *nicht löslich.* Dieses Verhalten dient zur Trennung der in diese Gruppe gehörigen Metalle in zwei Unterabtheilungen:

A) Metalle, deren Sulfide in Schwefelammonium unlöslich sind (Silber, Quecksilber, Blei, Kupfer, Wismuth, Kadmium).

B) Metalle, deren Sulfide in Schwefelammonium löslich sind (Arsen, Antimon, Zinn).

A) Erste Unterabtheilung.

(*Silber, Quecksilber, Blei, Kupfer, Wismuth und Kadmium.*)

Die Sauerstoff- und Schwefelverbindungen der genannten Metalle besitzen den Charakter einer Base.

Die Schwefelmetalle sind in Schwefelammonium unlöslich.[1] Daher werden die Verbindungen der genannten Metalle nicht nur in *saurer,* sondern auch in *ammoniakalischer* Lösung durch Schwefelwasserstoff (bezw. Schwefelammonium) als Schwefelmetalle gefällt.

Salpetersäure verwandelt die Schwefelmetalle (mit Ausnahme des Quecksilbersulfids) unter Abscheidung von Schwefel in leicht lösliche salpetersaure Salze, z. B. (wenn M'' ein zweiwerthiges Metall bezeichnet):

---

[1] Bezüglich des Schwefelkupfers vergl. 1) S. 71.

$$2NHO_3 = 3O + 2NO + H_2O$$
$$3O + 3M''S = 3M''O + 3S$$
$$3M''O + 6HNO_3 = 3M''(NO_3)_2 + 3H_2O$$
$$3M''S + 8HNO_3 = 3M''(NO_3)_2 + 4H_2O + 3S + 2NO.$$

Der sich ausscheidende Schwefel (vergl. S. 22) wird beim Kochen mit concentrirter Salpetersäure allmählich in *Schwefelsäure* verwandelt, welche die Bildung von *Bleisulfat* bewirkt, wenn die mit Salpetersäure behandelten Schwefelmetalle Schwefelblei enthielten.

In den Lösungen von *Silberoxyd-*, *Bleioxyd-* und *Quecksilberoxydul*salzen erzeugt Salzsäure weisse Niederschläge. Es lässt sich jedoch *nur das Silber* unter allen Umständen durch Salzsäure von den übrigen Metallen trennen, da das Chlorblei in Salzsäure etwas löslich ist und *Quecksilberoxyd*salze von Salzsäure *nicht* gefällt werden.

Bei Gegenwart von löslichen Hyposulfiten, Cyaniden, Weinsäure u. a. organ. Säuren geben besonders die Kupfer- und Silbersalze *nicht immer* die gewöhnlichen Reaktionen.

Die Metalle dieser Unterabtheilung werden von Salpetersäure unter Entwickelung von Oxyden des Stickstoffs leicht gelöst; concentrirte Schwefelsäure löst dieselben nur in der Wärme unter Entwickelung von schwefliger Säure. In Salzsäure und verdünnter Schwefelsäure sind mit Ausnahme Kadmiums die Metalle für sich (bei Luftabschluss) nicht löslich.

1. Silberverbindungen.

Silberoxyd Ag_2O, das entsprechende Hydrat existirt nicht. Viele Silberverbindungen sind in Ammoniak löslich.

1) *Salzsäure* und *lösliche Chloride* fällen weisses, käsiges Chlorsilber, welches sich am Lichte allmählich schwärzt. Aus der Lösung desselben in Ammoniak scheidet Salpetersäure wieder Chlorsilber ab:

$$AgNO_3 + HCl =$$

In Natriumthiosulfat und in Cyankalium ist Chlorsilber unter Bildung von Doppelsalzen löslich:

$$AgCl + Na_2S_2O_3 = NaAgS_2O_3 + NaCl$$
$$AgCl + 2KCy = AgCy, KCy + KCl.$$

2) *Schwefelwasserstoff* und *Schwefelammonium* fällen schwarzes Schwefelsilber Ag_2S:

$$2AgNO_3 + H_2S =$$

Schwefelsilber wird beim Erwärmen mit chlorfreier Salpetersäure unter Abscheidung von Schwefel zu *Silbernitrat* gelöst:

$$..\,Ag_2S + ..\,HNO_3 =$$

3) *Natron-* und *Kalilauge* erzeugen einen braunschwarzen Niederschlag von Silberoxyd:

$$2AgNO_3 + 2NaOH =$$

Silberlösungen, welche gleichzeitig Ammoniak oder Ammoniumsalze enthalten, dürfen nicht mit Natron- oder Kalilauge versetzt werden, weil unter diesen Umständen das selbst im feuchten Zustande mit furchtbarer Heftigkeit explodirende Berthollet'sche Knallsilber (NH_2Ag oder NAg_3?) entstehen kann.

In *sauren* Silbersalzlösungen entstehen weisse oder gelblich gefärbte Niederschläge auf Zusatz von:

Bromwasserstoff-, Jodwasserstoff-, Cyanwasserstoff- und Ferrocyanwasserstoffsäure. (Vergl. die betr. Säuren.)

In *neutralen* Lösungen geben:

lösliche Carbonate, Chromate, Phosphate, Arseniate, Arsenite u. s. w. weisse oder gefärbte Niederschläge. (Vergl. die betr. Säuren.)

Vorprüfung: Beim Schmelzen mit Soda auf Kohle: weissglänzendes, ductiles Metall.

Anmerk. Silber wird von verdünnter Salpetersäure leicht gelöst; concentrirte Schwefelsäure greift es nur in der Siedehitze an. Von Salzsäure und verdünnter Schwefelsäure wird Silber nicht verändert.

2. Quecksilberverbindungen.

Quecksilberoxydul Hg_2O } die entsprechenden Hydrate existiren nicht.
Quecksilberoxyd . . HgO }

1) *Schwefelwasserstoff* und *Schwefelammonium* erzeugen:

a) in *Quecksilberoxydsalzlösungen* zunächst einen schmutzig weissen Niederschlag, welcher aus einer Doppelverbindung von Quecksilbersulfid und unzersetztem Quecksilbersalz besteht, z. B.:

$$3HgCl_2 + 2H_2S = HgCl_2, 2HgS + 4HCl.$$

Auf weiteren Zusatz von Schwefelwasserstoff wird der Niederschlag gelbbraun und geht schliesslich in schwarzes Quecksilbersulfid über:

$$HgCl_2, 2HgS + H_2S = 3HgS + 2HCl,$$

welches von *Salpetersäure nicht gelöst* wird und sich hierdurch von allen anderen Schwefelmetallen unterscheidet.

Von *Königswasser* wird Quecksilbersulfid unter Abscheidung von Schwefel zu Quecksilberchlorid gelöst:

$$\begin{cases} 2HNO_3 + 6HCl = 6Cl + 4H_2O + 2NO \\ 3HgS + 6Cl = 3HgCl_2 + 3S. \end{cases}$$

b) in *Quecksilberoxydulsalzlösungen* sogleich einen schwarzen Niederschlag, der aus Quecksilbersulfid und Quecksilber besteht; Salpetersäure verwandelt das Gemisch in die unlösliche, weisse Doppelverbindung $Hg(NO_3)_2, 2HgS$, und in lösliches Quecksilberoxydnitrat:

$$2HgNO_3 + H_2S = (HgS + Hg) + 2HNO_3$$

$$6(HgS + Hg) + 16HNO_3 = 3[Hg(NO_3)_2, 2HgS] + 3Hg(NO_3)_2 + 4NO + 8H_2O.$$

2) *Salzsäure* fällt aus *Quecksilberoxydulsalzlösungen* weisses, im Ueberschuss des Fällungsmittels unlösliches

Quecksilberchlorür (Calomel), das durch Ammoniak (vergl. 4) schwarz wird (wichtigster Unterschied in dem Verhalten der Quecksilberoxydul- und Quecksilberoxydverbindungen; letztere werden durch Salzsäure *nicht* gefällt):

$$HgNO_3 + HCl =$$
$$2HgCl + 2NH_4OH =$$

3) *Zinnchlorür* fällt aus allen Quecksilbersalzlösungen zunächst weisses Quecksilberchlorür, auf weiteren Zusatz fein vertheiltes graues metallisches Quecksilber:

$$2HgNO_3 + SnCl_2 =$$
$$2HgCl_2 + SnCl_2 =$$
$$2HgCl + SnCl_2 =$$

4) *Ammoniak* erzeugt sowohl in Quecksilberoxyd- als auch in Oxydulsalzlösungen Niederschläge, welche als Ammoniumsalze, in denen ein Theil der Wasserstoffatome durch Quecksilber ersetzt ist, aufgefasst werden können, und zwar in Lösungen von

a) Quecksilberoxydulsalzen: einen *schwarzen* Niederschlag:

$$2HgNO_3 + 2NH_4OH = NH_2Hg_2NO_3 + NH_4NO_3 + 2H_2O.$$

b) Quecksilberoxydsalzen: einen *weissen* Niederschlag:

$$HgCl_2 + 2NH_4OH = NH_2HgCl + NH_4Cl + 2H_2O.$$

5) *Kali-* und *Natronlauge* fällen:

a) aus Quecksilberoxydulsalzlösungen: schwarzes Oxydul:

$$2HgNO_3 + 2KOH =$$

b) aus Quecksilberoxydsalzlösungen: gelbes Oxyd:

$$HgCl_2 + 2KOH =$$

NB. Quecksilbercyanid wird durch Alkalien *nicht* gefällt.

6) *Jodkalium* fällt:

a) aus Quecksilberoxydulsalzlösungen: schmutzig grünes Quecksilberjodür:

$$HgNO_3 + KJ =$$

b) aus Quecksilberoxydsalzlösungen: zinnoberrothes Quecksilberjodid, welches sich im Ueberschuss des Fällungsmittels zu dem farblosen Doppelsalz $HgJ_2, 2KJ$ löst:

$$HgCl_2 + 2KJ =$$
$$HgJ_2 + 2KJ =$$

7) Bringt man einige Tropfen einer quecksilberhaltigen Lösung auf blankes Kupferblech, so entsteht ein grauweisser Fleck, der beim Reiben glänzend wird und bei mässigem Erhitzen wieder verschwindet.

Zu beachten ist die eigenthümliche Erscheinung, dass *Quecksilberoxydnitrat* gegen gewisse Reagentien ein *anderes* Verhalten zeigt wie *Quecksilberchlorid.* So wird z. B. das Nitrat durch Kaliumbichromat gefällt, das Chlorid dagegen *nicht.* Eisenvitriol verändert das Chlorid *nicht*, fällt aber aus den Lösungen des Nitrats metallisches Quecksilber u. s. w.

Vorprüfung: a) flüchtig;

b) beim Erhitzen mit Soda und Russ im Glühröhrchen: *aus kleinen Tröpfchen* bestehender Metallspiegel.

Anmerk. Quecksilber wird von Salpetersäure je nach der Concentration derselben zu Oxydul- oder Oxydsalz gelöst; concentrirte Schwefelsäure löst es nur in der Hitze. Von Salzsäure und verdünnter Schwefelsäure wird das Quecksilber nicht verändert, von Königswasser leicht gelöst.

3. Bleiverbindungen.

Bleioxydhydrat $Pb(OH)_2$, bildet beständige Salze.

Bleisuperoxyd PbO_2, bildet keine Salze, kräftiges Oxydationsmittel. Beim Erhitzen mit concentrirter Schwefelsäure, auch beim Erhitzen für sich im Glühröhrchen, entwickelt es Sauerstoff, mit concentrirter Salzsäure Chlor; von Salpetersäure wird es nach Zusatz von *wenig* Oxalsäure gelöst:

$$PbO_2 = PbO + O$$
$$PbO_2 + 4HCl = PbCl_2 + 2Cl + 2H_2O$$
$$PbO_2 + 2HNO_3 + C_2H_2O_4 = Pb(NO_3)_2 + 2CO_2 + 2H_2O.$$

Aus den Lösungen der Bleisalze fällen:

1) *Schwefelwasserstoff* und *Schwefelammonium:* schwarzes Schwefelblei *PbS;*

$Pb(NO_3)_2 + H_2S =$

NB. Die Fällung durch Schwefelwasserstoff ist nur in *verdünnten* und *nicht zu sauren* Lösungen eine vollständige.

Schwefelblei wird beim Erwärmen mit *verdünnter* Salpetersäure unter Abscheidung von Schwefel zu *Bleinitrat* gelöst:

$$3PbS + 8HNO_3 = 3Pb(NO_3)_2 + 3S + 2NO + 4H_2O,$$

beim Digeriren mit *concentrirter* Salpetersäure in unlösliches *Bleisulfat* verwandelt:

$$3PS + 8HNO_3 = 3PbSO_4 + 8NO + 4H_2O.$$

2) *Schwefelsäure* und lösliche Sulfate: weisses Bleisulfat:

$Pb(NO_3)_2 + H_2SO_4 =$

Das Bleisulfat ist in Wasser sehr schwer (in 30,000 Th.) löslich, leichter löslich in verdünnter Salz- und Salpetersäure, sowie in Ammoniumsalzen, unlöslich in Ammoniak; dagegen leicht löslich in Kali-, Natronlauge und basisch weinsaurem Ammoniak. Beim Kochen mit concentrirter Salzsäure wird das Bleisulfat in Chlorblei, beim Digeriren mit Ammoniumcarbonat in Bleicarbonat verwandelt.

3) *Salzsäure* und lösliche Chlormetalle: weisses Chlorblei, *nicht* aus *verdünnten* Lösungen:

$Pb(NO_3)_2 + 2HCl =$

Das **Chlorblei** ist in kaltem Wasser schwer (in 135 Th.), dagegen leicht löslich: in heissem Wasser, in warmer Salzsäure (beim Erkalten der Lösungen scheidet sich das Chlorblei in weissen Krystallnadeln aus), sowie in Kali- und Natronlauge. Ammoniak verwandelt Chlorblei in unlösliches basisches Salz.

4) *Kali-* und *Natronlauge:* Bleioxydhydrat, welches sich im Ueberschuss des Fällungsmittels wieder auflöst.

Versetzt man die alkalische Lösung des Bleioxydhydrats oder eines Bleisalzes

a) mit *Kaliumchromat*, so fällt beim Ansäuern mit *Essigsäure* gelbes Bleichromat aus:

$$Pb(OH)_2 + KOH + K_2CrO_4 + 3\,CH_3COOH = PbCrO_4 + 3\,CH_3COOK + 3\,H_2O.$$

b) mit *Natriumhypochlorit* und hierauf mit Essigsäure bis zur sauren Reaction, so scheidet sich beim Kochen braunes Bleisuperoxyd ab:

$$Pb(OH)_2 + NaOCl = PbO_2 + NaCl + H_2O.$$

5) *Ammoniak* fällt aus neutralen und sauren Lösungen basische Salze, z. B. $Pb(OH)NO_3$.

6) *Kohlensaure Alkalien* fällen aus neutralen und sauren Lösungen in der Kälte Bleicarbonat:

$$Pb(NO_3)_2 + Na_2CO_3 =$$

in der Wärme basisches Salz (*Bleiweiss*):

$$3\,Pb(NO_3)_2 + 3\,Na_2CO_3 + H_2O = 2\,PbCO_3, Pb(OH)_2 + 6\,NaNO_3 + CO_2.$$

Vorprüfung: Mit Soda auf Kohle geschmolzen: schwach *gelblich* gefärbter *Beschlag* und *ductile Metallkörner*.

Anmerk. Blei ist nur in Salpetersäure leicht löslich; concentrirte Schwefelsäure löst dasselbe selbst in der Hitze nur langsam und in geringen Mengen auf. Salzsäure und verdünnte Schwefelsäure verändern das Blei nicht.

4. Kupferverbindungen.

Kupferoxydhydrat $Cu(OH)_2$, blau, zerfällt schon bei der Siedehitze des Wassers in Oxyd und Wasser; die Lösungen der Kupferoxydsalze sind *blau* oder *grün* gefärbt.

Kupferoxydulhydrat $Cu_2(OH)_2$, gelb, zerfällt leicht in rothes Oxydul und Wasser; Salze des Kupferoxyduls mit Sauerstoffsäuren sind nicht bekannt.

Aus den Lösungen der Kupferverbindungen fällen:

1) *Schwefelwasserstoff* und *Schwefelammonium* schwarzes Kupfersulfid *CuS*, welches in Schwefelammonium nicht ganz unlöslich ist[1]:

$$CuSO_4 + H_2S =$$

Kupfersulfid wird beim Erwärmen mit Salpetersäure unter Abscheidung von Schwefel zu *Kupfernitrat* gelöst:

$$..\ CuS + ..\ HNO_3 =$$

Cyankalium verwandelt Kupfersulfid in das lösliche Doppelsalz $Cu_2Cy_2, 2KCy$, daher wird bei Gegenwart von Cyankalium das Kupfer durch Schwefelwasserstoff oder Schwefelammonium aus seinen Lösungen **nicht** gefällt (Unterschied von *Cd*):

$$2\,CuS + 4\,KCy = Cu_2Cy_2, 2\,KCy + K_2S_2.$$

2) *Ammoniak:* zunächst blaugrünes basisches Salz, welches sich auf weiteren Zusatz mit *dunkelblauer* Farbe zu einer ammoniakhaltigen Kupferverbindung löst. Die Blaufärbung ist noch bei einem Gehalt der Lösung von 0,00001 Kupfer erkennbar:

$$2\,CuSO_4 + 2\,NH_4OH = CuSO_4, Cu(OH)_2 + (NH_4)_2SO_4$$

$$CuSO_4, Cu(OH)_2 + (NH_4)_2SO_4 + 6\,NH_4OH$$
$$= 2[CuSO_4, 4\,NH_3] + 8\,H_2O.$$

Cyankalium entfärbt die Lösung unter Bildung von löslichem Kaliumkupfercyanür, z. B.:

$$2[CuSO_4, 4\,NH_3] + 5\,KCy + H_2O = Cu_2Cy_2, 2\,KCy + KCyO$$
$$+ K_2SO_4 + (NH_4)_2SO_4 + 6\,NH_3.$$

3) *Kali-* u. *Natronlauge:* blaues Kupferoxydhydrat, das beim Kochen in schwarzes Oxyd verwandelt wird:

$$CuSO_4 + 2\,NaOH =$$
$$Cu(OH)_2 =$$

---

[1] Von Arsen, Antimon und Zinn trennt man daher das Kupfer besser durch Behandeln des Schwefelwasserstoffniederschlages mit *Schwefelkalium*, welches Kupfersulfid nicht löst.

NB. Bei *Gegenwart* von arseniger Säure, von Weinsäure, Glycerin und anderen organischen Substanzen werden die Kupfersalze durch die Alkalien **nicht** gefällt; in der tiefblauen alkalischen Lösung wird das Kupferoxyd beim Kochen durch arsenige Säure, Traubenzucker u. s. w. zu unlöslichem rothem Kupferoxydul reducirt, z. B.:

$$4\,CuSO_4 + 14KHO + As_2O_3 = 2\,Cu_2O + 2\,K_3AsO_4 + 4\,K_2SO_4 + 7\,H_2O.$$

4) *Kohlensaure Alkalien:* aus neutralen und sauren Lösungen basisches Salz, das beim Erhitzen in schwarzes Kupferoxyd übergeht.

5) *Ferrocyankalium* scheidet auch aus sehr verdünnten sauren Kupfersalzlösungen rothbraunes Ferrocyankupfer Cu_2FeCy_6 ab:

$$2\,CuSO_4 + K_4FeCy_6 = Cu_2FeCy_6 + 2\,K_2SO_4.$$

6) *Jodkalium* fällt aus Kupferoxydsalzen ein Gemisch von Kupferjodür und Jod:

$$2\,CuSO_4 + 4\,KJ = Cu_2J_2 + 2\,J + 2\,K_2SO_4.$$

Fügt man gleichzeitig eine wässrige Lösung von Schwefliger Säure hinzu, so scheidet sich *nur* Kupferjodür aus:

$$2\,CuSO_4 + 4\,KJ + SO_2 + H_2O = Cu_2J_2 + 2\,JH + 2\,K_2SO_4 + H_2SO_4.$$

7. Bringt man blankes *Eisen* in die neutrale oder saure Lösung eines Kupfersalzes, so überzieht sich das Eisen mit einer rothen Schicht von metallischem Kupfer.

Vorprüfung: a) *grüne* Flammenfärbung, insbesondere nach dem Befeuchten mit Salzsäure;
b) Phosphorsalzperle: in der Reductionsflamme *rothbraun*, undurchsichtig; in der Oxydationsflamme, heiss: *grün*, kalt: *blau*.
c) Beim Schmelzen mit Soda: *rothe* Metallflitter.

Anmerk. Kupfer ist leicht löslich in Salpetersäure; concentrirte Schwefelsäure löst es nur in der Hitze. Salzsäure und verdünnte Schwefelsäure wirken für sich nicht auf Kupfer ein; aber mit diesen Säuren befeuchtet und der Luft ausgesetzt geht das Kupfer unter Sauerstoffaufnahme allmählich in Lösung.

5. Wismuthverbindungen.

Wismuthoxydhydrat $BiO(OH)$, weiss, schwache Base. Das normale Hydrat $Bi(OH)_3$ ist nicht bekannt. In den Salzen des Wismuths sind entweder drei Wasserstoffatome der Säuren durch ein Atom Wismuth oder ein Wasserstoffatom durch die einwerthige Gruppe (BiO) ersetzt. Die normalen Salze gehen leicht in basische Salze[1] über.

Wismuthoxydul BiO, schwarz, bildet keine Salze.

---

[1] Salze kann man sich entstanden denken:

1) durch Vereinigung von *Säureanhydrid* und *Metalloxyd*, z. B.:

$$SO_3 + Na_2O = Na_2SO_4,$$

2) aus den *Säuren*, durch Vertretung der *Wasserstoffatome* durch *Metalle*, z. B.:

aus $HNO_3 \ldots\ldots KNO_3$

aus $\left.\begin{matrix}H\\H\end{matrix}\right\}SO_4 \ldots\ldots \left.\begin{matrix}K\\H\end{matrix}\right\}SO_4$ und $\left.\begin{matrix}K\\K\end{matrix}\right\}SO_4$

aus $\left.\begin{matrix}H\\H\\H\end{matrix}\right\}PO_4 \ldots\ldots \left.\begin{matrix}Na\\H\\H\end{matrix}\right\}PO_4,\quad \left.\begin{matrix}Na\\Na\\H\end{matrix}\right\}PO_4$ und $\left.\begin{matrix}Na\\Na\\Na\end{matrix}\right\}PO_4$

Sind in einer Säure nicht sämmtliche Wasserstoffatome durch Metalle vertreten, so nennt man die Salze *saure Salze.* Saure Salze lassen sich auch auffassen als normale Salze plus freier Säure, z. B. $3Na_2HPO_4 = 2Na_3PO_4, H_3PO_4,$

3) aus den Basen, durch Vertretung der *Hydroxylgruppe* durch *Säurereste,* z. B.:

aus $K(OH) \ldots\ldots KNO_3$

aus $Pb\left\{\begin{matrix}OH\\OH\end{matrix}\right. \ldots\ldots Pb\left\{\begin{matrix}CH_3COO\\OH\end{matrix}\right.$ und $Pb\left\{\begin{matrix}CH_3COO\\CH_3COO\end{matrix}\right.$

aus $Bi\left\{\begin{matrix}OH\\OH\\OH\end{matrix}\right. \ldots\ldots Bi\left\{\begin{matrix}NO_3\\OH\\OH\end{matrix}\right.,\quad Bi\left\{\begin{matrix}NO_3\\NO_3\\OH\end{matrix}\right.$ und $Bi\left\{\begin{matrix}NO_3\\NO_3\\NO_3\end{matrix}\right.$

Sind in einer Base nicht sämmtliche Hydroxylgruppen durch Säurereste vertreten, so nennt man die Salze *basische Salze.* Basische Salze lassen sich auch auffassen als normale Salze plus freier Base; z. B.: $2Pb(CH_3COO)(OH) = Pb(CH_3COO)_2, Pb(OH)_2$ u. s. w. Die basischen Salze spalten oft Wasser ab, z. B. $Bi(OH)_2NO_3 = BiONO_3 + H_2O.$

Aus Wismuthsalzlösungen fällen:

1) *Wasser*, besonders nach Zusatz einiger Tropfen Salzsäure, weisses basisches Salz; unlöslich in Alkalien; *Weinsäure* verhindert die Fällung *nicht*. (Unterschied von *Sb*):

$$BiCl_3 + H_2O = BiOCl + 2HCl$$
$$Bi(NO_3)_3 + 2H_2O = BiO(NO_3) + 2HNO_3 + H_2O$$
$$Bi(NO_3)_3 + HCl + H_2O = BiOCl + 3HNO_3.$$

2) *Schwefelwasserstoff* und *Schwefelammonium:* schwarzbraunes Wismuthsulfid Bi_2S_3:

$$..\ Bi(NO_3)_3 + ..\ H_2S =$$

Wismuthsulfid wird beim Erwärmen mit Salpetersäure unter Abscheidung von Schwefel zu *Wismuthnitrat* gelöst:

$$..\ Bi_2S_3 + ..\ HNO_3 =$$

3) *Kali-*, *Natronlauge* sowie *Ammoniak:* weisses Wismuthoxydhydrat *BiOOH:*

$$Bi(NO_3)_3 + 3KOH =$$

Der Niederschlag ist in Kalilauge unlöslich (Unterschied von *Pb*.)

4) *Kaliumchromat:* gelbes Wismuthchromat (Unterschied von *Cd*). Der Niederschlag ist in Kali- und Natronlauge unlöslich (Unterschied von *Pb*), in Mineralsäuren löslich.

5) Fügt man zu einer Lösung von *Zinnchlorür* in Natron- oder Kalilauge einen Tropfen einer Wismuthsalzlösung, so scheidet sich sofort *schwarzes Wismuthoxydul* aus:

$$Sn(OH)_2 + 8NaOH + 2Bi(NO_3)_3 = 2BiO + SnNa_2O_3 + 6NaNO_3 + 5H_2O.$$

Vorprüfung: Mit Soda auf Kohle geschmolzen: braungelber Beschlag und *spröde* Metallkörner.

Anmerk. Wismuth ist leicht löslich in Salpetersäure; von concentrirter Schwefelsäure wird es nur in der Wärme gelöst. Salzsäure und verdünnte Schwefelsäure lösen Wismuth nicht.

6. Kadmiumverbindungen.

Kadmiumoxydhydrat $Cd(OH)_2$.

Aus den Lösungen der Kadmiumsalze fällen:

1) *Schwefelwasserstoff* und *Schwefelammonium*: gelbes Kadmiumsulfid, unlöslich in Schwefelammonium und in Cyankalium. Cyankaliumhaltige Lösungen werden daher durch Schwefelwasserstoff gefällt (Unterschied von *Cu*):

$$CdSO_4 + H_2S =$$

Kadmiumsulfid wird beim Erwärmen mit Salpetersäure unter Abscheidung von Schwefel zu *Kadmiumnitrat* gelöst:

$$..\,CdS + ..\,HNO_3 =$$

2) *Kali-* und *Natronlauge:* weisses Kadmiumoxydhydrat, unlöslich im Ueberschuss des Fällungsmittels:

$$Cd(NO_3)_2 + 2KOH =$$

3) *Ammoniak:* zunächst weisses Kadmiumoxydhydrat, das sich auf weiteren Zusatz von Ammoniak wieder löst (Unterschied von *Pb* und *Bi*):

$$CdCl_2 + 2NH_4OH =$$

Enthält die Lösung Ammoniumsalze, so entsteht keine Fällung.

4) *Kohlensaure Alkalien:* weisses Kadmiumcarbonat:

$$CdSO_4 + Na_2CO_3 =$$

Der Niederschlag ist im Ueberschuss des Fällungsmittels — *auch in Ammoniumcarbonat* unlöslich (Unterschied und Trennung von *Zn*).

Vorprüfung: Mit Soda auf Kohle geschmolzen: *braungelber* Beschlag ohne Metallkörner.

Anmerk. Kadmium wird von Salpetersäure rasch, von Salzsäure und verdünnter Schwefelsäure langsam aufgelöst.

B) Zweite Unterabtheilung.

(*Arsen, Antimon, Zinn.*)

Die Sauerstoff- und Schwefelverbindungen haben vorwiegend den Charakter einer *Säure.* Derselbe kommt für die Sulfide in der Vereinigung mit den *Schwefelbasen* (Schwefelammonium, -kalium und -natrium) zu salzartigen löslichen Verbindungen zum Ausdruck, z. B.:

$$As_2S_3 + 3(NH_4)_2S = 2As(NH_4)_3S_3$$
$$Sb_2S_5 + 3K_2S = 2SbK_3S_4$$

u. s. w.

welche *Sulfosalze* — Ammoniumsulfarsenit, Kaliumsulfantimoniat — genannt werden. Durch Säuren werden die Sulfosalze rückwärts in Sulfide, in Schwefelwasserstoff und das betreffende Alkalisalz zerlegt:

$$2As(NH_4)_3S_3 + 6HCl = As_2S_3 + 3H_2S + 6NH_4Cl$$
$$2SbK_3S_4 + 3H_2SO_4 = Sb_2S_5 + 3H_2S + 3K_2SO_4$$

u. s. w.

1. Arsenverbindungen.

Arsentrioxyd oder Arsenigsäureanhydrid (Arsenik) As_2O_3 flüchtig; in Wasser schwer (etwa in 100 Thl.) löslich, in verdünnter Salzsäure und Alkalien etwas leichter löslich. Die Hydrate $AsO(OH)$ und $As(OH)_3$, von denen sich die arsenigsauren Salze (Arsenite) ableiten, sind nicht bekannt. Die Arsenite der alkalischen Erden und der Schwermetalle sind in Wasser unlöslich, in Säuren löslich.

Arsensäure $AsO(OH)_3$ nicht flüchtig; sehr leicht löslich. Die arsensauren Salze (Arseniate) der Alkalien sind in Wasser leicht, die der Magnesia schwer löslich. Die übrigen Arseniate lösen sich in Säuren, z. Th. auch in Alkalien.

Alle Arsenverbindungen sind giftig. Beim Kochen von Arsentrioxyd mit Salzsäure entweicht mit den Wasserdämpfen flüchtiges Arsenchlorür $AsCl_3$. (**Vorsicht!**)

1) *Schwefelwasserstoff* bewirkt in der angesäuerten Lösung bei Gegenwart

a) von *arseniger Säure* sogleich einen gelben flockigen Niederschlag von Arsentrisulfid:

$$As_2O_3 + 3H_2S = As_2S_3 + 3H_2O.$$

b) von *Arsensäure* zunächst keinen Niederschlag; beim Erwärmen trübt sich die Lösung unter Abscheidung von Schwefel, bei weiterem Zusatz von Schwefelwasserstoff fällt flockiges Arsentrisulfid:

$$2H_3AsO_4 + 2H_2S = As_2O_3 + 2S + 2H_2O$$
$$2H_3AsO_4 + 5H_2S =$$

Der ausgewaschene Niederschlag ist in Schwefelammonium, Ammoniak, *Ammoniumcarbonat*, sowie in den entsprechenden Verbindungen der fixen Alkalien löslich:

$$As_2S_3 + 3(NH_4)_2S =$$
$$As_2S_3 + 6NH_4OH = As(NH_4)_3S_3 + As(NH_4)_3O_3 + 3H_2O$$
$$As_2S_3 + 3(NH_4)_2CO_3 = As(NH_4)_3S_3 + As(NH_4)_3O_3 + 3CO_2.$$

Beim Ansäuern der Lösung fällt wieder Arsentrisulfid aus. Wenn in Ammoniak oder Ammoniumcarbonat gelöst war, ist jedoch die Fällung nur nach Zusatz von Schwelelwasserstoff eine vollständige, da ein Theil des frei werdenden H_2S vorzeitig entweicht:

$$2As(NH_4)_3S_3 + 3H_2SO_4 =$$
$$As(NH_4)_3S_3 + As(NH_4)_3O_3 + 3H_2SO_4 =$$

Anmerk. Die Löslichkeit des Arsentrisulfids in concentrirtem Ammoniumcarbonat dient zur Trennung des Arsens von Zinn und Antimon.

2) *Magnesiamixtur*[1] erzeugt in Lösungen

a) der *arsenigen Säure:* keinen Niederschlag.

---

[1] Unter *Magnesiamixtur* versteht man eine Mischung von Chlormagnesiam *oder* Magnesiumsulfat mit Salmiak und Ammoniak, die sich auch beim Kochen *nicht trüben* darf, vergl. S. 39 u. 135.

b) der *Arsensäure* einen weissen, krystallinischen Niederschlag von Magnesiumammoniumarseniat, in verdünnten Lösungen allmählich entstehend:

$$AsNa_3O_4 + MgCl_2, 2NH_4Cl = As(MgNH_4)O_4 + 3NaCl + NH_4Cl.$$

Der Niederschlag ist in Säuren leicht löslich, entsteht daher nur in neutralen oder alkalischen Lösungen.

3) *Ammoniummolybdat* erzeugt in Lösungen

a) der *arsenigen Säure:* keinen Niederschlag,

b) der *Arsensäure:* einen *gelben* Niederschlag.

Der Niederschlag ist in Ammoniak und den fixen Alkalien löslich; er entsteht am leichtesten in salpetersauren Lösungen und zwar nach *reichlichem* Zusatz des Reagens *und Erwärmen.*

Da arsenige Säure durch Salpetersäure leicht in Arsensäure übergeführt wird:

$$3As_2O_3 + 4HNO_3 + 7H_2O = 6H_3AsO_4 + 4NO,$$

lässt sich auch arsenige Säure bei *Abwesenheit* von Arsensäure (und Phosphorsäure, vergl S. 114) durch Ammoniummolybdat nachweisen.

4) In *neutralen* Lösungen, welche arsenige Säure oder Arsensäure enthalten, entstehen Niederschläge auf Zusatz von Salzen der alkalischen Erden und der meisten Schwermetalle, z. B. fällt:

Silbernitrat aus *neutralen* Lösungen

a) der *arsenigen Säure:* gelbes Silberarsenit $AsAg_3O_3$, löslich in Ammoniak und Salpetersäure:

$$AsOOK + 3AgNO_3 + 2NH_4OH =$$

b) der *Arsensäure:* rothbraunes Silberarseniat $AsAg_3O_4$, löslich in Ammoniak und Salpetersäure:

$$AsNa_3O_4 + 3AgNO_3 =$$

5) *Durch Behandeln mit oxydirend wirkenden* Körpern wird die *arsenige Säure* in *Arsensäure* übergeführt, z. B.:

$$As_2O_3 + 4Cl + 5H_2O = 2AsH_3O_4 + 4HCl$$
$$As_2S_3 + 10Cl + 8H_2O =$$

Geht das Oxydationsmittel in eine unlösliche oder anders gefärbte Verbindung über, so kann, sofern keine anderen oxydirbaren Körper vorhanden sind, die arsenige Säure leicht neben der Arsensäure erkannt werden, z. B.:

a) *Kupfervitriol* giebt mit der Lösung von arseniger Säure in Natronlauge eine *blaue Flüssigkeit*, die beim Kochen *rothes Kupferoxydul* abscheidet:

$$4CuSO_4 + As_2O_3 + 14NaOH = 2Na_3AsO_4 + 2Cu_2O + 4Na_2SO_4 + 7H_2O.$$

b) *Chromsaures Kali* wird durch eine saure Lösung der arsenigen Säure *grün* gefärbt:

$$4K_2CrO_4 + 3As_2O_3 + 20HCl = 6AsH_3O_4 + 4CrCl_3 + 8KCl + H_2O.$$

c) Die braune Lösung von *Jod* in Jodkalium wird durch arsenigsaures Natron entfärbt:

$$2J + Na_3AsO_3 + H_2O = Na_3AsO_4 + 2JH.$$

Die entstandene Arsensäure ist nachzuweisen.

6) Erwärmt man ein Gemisch von arseniger Säure und entwässertem *Natriumacetat* im Glühröhrchen, so entsteht Kakodyloxyd von ungemein widerlichem Geruch:

$$As_2O_3 + 4CH_3COONa = (CH_3)_4As_2O + 2Na_2CO_3 + 2CO_2.$$

Vorprüfung: Arsentrioxyd, *flüchtig*, beim Erhitzen mit Soda und Kohle im Glühröhrchen: *Metallspiegel.*

Arsensäure, *nicht flüchtig*, beim Erhitzen auf Kohle weisser, *sehr flüchtiger* Beschlag und *Knoblauchgeruch.*

Anmerk. Arsen wird von Salpetersäure, je nach der Concentration derselben zu Arsentrioxyd oder Arsensäure oxydirt, von Salzsäure nicht verändert.

Sehr kleine Mengen Arsen, gleichviel ob dasselbe in Form von arseniger Säure oder Arsensäure vorliegt, lassen sich mit grosser Schärfe 1) nach Gutzeit oder 2) im Marsh'schen Apparat erkennen. Der Nachweis beruht auf den Eigenschaften des (*sehr giftigen*) Arsenwasserstoffs, welcher sich durch Einwirkung von Zink und Wasserstoff in statu nascendi auf die Arsenverbindung bildet, z. B.:

$$2\,AsCl_3 + 3\,Zn = 2\,As + 3\,ZnCl_2$$
$$2\,As + 6\,H = 2\,AsH_3.$$

1) *Prüfung nach Gutzeit.* Uebergiesse in einem Probirgläschen ein Stück *reines* Zink mit verdünnter Schwefelsäure und gieb ein wenig der zu untersuchenden Flüssigkeit hinzu. Schiebe hierauf einen Wattenpfropfen lose in das Gläschen hinein und lege über die Mündung desselben ein Stück Filtrirpapier, das vorher in der Mitte mit einem Tropfen einer concentrirten Lösung von *Silbernitrat* in Wasser (2 : 1) befeuchtet wurde.

Bei Anwesenheit von Arsen färbt sich die mit der Silberlösung befeuchtete Stelle des Papiers canariengelb,[1] lässt man nun auf dieselbe einen Tropfen Wasser fallen, so wird der gelbe Fleck schwarz:

$$2\,AsH_3 + 12\,AgNO_3 = 2(AsAg_3,\ 3\,AgNO_3) + 6\,HNO_3$$
$$2(AsAg_3,\ 3\,AgNO_3) + 6\,H_2O = As_2O_3 + 12\,Ag + 6\,HNO_3.$$

NB. Da die Reaction äusserst empfindlich ist, darf man es *nie unterlassen,* sich durch einen Controlversuch von der Reinheit der Reagentien zu überzeugen.

---

[1] Bei Gegenwart von Schwefelmetallen und schwefliger Säure entwickelt sich H_2S, welcher sogleich einen schwarzen Fleck erzeugt. In diesem Falle giebt man in das Probirgläschen Jodlösung bis zur Gelbfärbung des Inhalts:

$$J_2 + H_2S = 2\,JH + S.$$

Antimonverbindungen geben einen bräunlichen Fleck, der auf Zusatz von Wasser schwarzbraun wird und verläuft.

2) *Prüfung im Marsh'schen Apparat.* **Vorsicht!** Arsenwasserstoff brennt mit fahlblauer Flamme. Auf einer in dieselbe gehaltenen Porzellanschale bilden sich metallglänzende Arsenflecken, welche in der Kälte von *unterchlorigsaurem Natrium* leicht gelöst werden. (Unterschied von *Sb*):

$$2As + 3NaOCl = As_2O_3 + 3NaCl.$$

Wird die Lösung mit conc. Salpetersäure sauer gemacht und erwärmt, bis alles Chlor verschwunden ist, so entsteht auf Zusatz von *Ammoniummolybdat* nach einiger Zeit der Niederschlag 8 b, S. 78, welcher unter dem Mikroskop eine charakteristische Form zeigt.

Erhitzt man die Röhre (aus schwer schmelzbarem Glase), durch welche der Arsenwasserstoff entweicht, so bildet sich unweit der erhitzten Stelle ein Arsenspiegel:

$$AsH_3 = As + 3H.$$

2. Antimonverbindungen.

Antimontrioxyd Sb_2O_3, verhält sich gegen starke Basen wie eine schwache Säure, gegen starke Säuren wie eine Base. Die Verbindungen mit Basen leiten sich von dem nicht darstellbaren Hydrat $SbO(OH)$ (antimonige Säure) ab; in den Salzen des Antimontrioxyds mit Säuren sind entweder drei Wasserstoffatome der Säuren durch *Sb*, oder ein Wasserstoffatom durch die einwerthige Gruppe (SbO) vertreten.

Antimonpentoxyd Sb_2O_5 und *Antimonsäure* H_3SbO_4. Nur von dem nicht darstellbaren Hydrat $SbO_2(OH)$ leiten sich *antimonsaure* Salze ab. Natriumantimoniat $NaSbO_3$ ist in Wasser schwer löslich, Kaliumantimoniat $KSbO_3$ etwas leichter löslich.

1) *Wasser* scheidet aus den Lösungen des Antimontrioxyds und -pentoxyds in Salzsäure weisse Niederschläge ab, z. B.:

$$SbCl_3 + H_2O = SbOCl + 2HCl$$
$$SbCl_5 + 2H_2O = SbO_2Cl + 4HCl.$$

Weinsäure verhindert die Fällung durch Wasser (Unterschied von *Bi*).

2) *Schwefelwasserstoff* fällt Antimontrisulfid Sb_2S_3 oder Antimonpentasulfid Sb_2S_5, in Ammoniumcarbonat und in *verdünnten* Säuren unlöslich:

$$2\,SbCl_3 + 3\,H_2S =$$
$$2\,SbCl_5 + 5\,H_2S =$$

Die Niederschläge sind in Schwefelammonium und in warmer *concentrirter* Salzsäure löslich:

$$Sb_2S_3 + 3(NH_4)_2\,S =$$
$$Sb_2S_5 + 3(NH_4)_2\,S =$$
$$Sb_2S_3 + 6\,HCl =$$

3) *Kali-, Natronlauge* sowie *Ammoniak* erzeugen in Lösungen von Antimontrioxydsalzen weisse Niederschläge, die sich im Ueberschuss der fixen Alkalien zu *SbOOK* und *SbOONa* lösen, in überschüssigem Ammoniak unlöslich sind.

4) Aus Lösungen des Kaliumantimoniat fällt beim Ansäuern Antimonsäure aus.

5) *Empfindlichste Prüfung auf Antimon.* Man bringe einen Tropfen der zu untersuchenden Lösung, welche ausser Antimon *kein anderes Metall als Zinn enthalten darf,* auf ein Stückchen Platinblech und lege hierauf ein Zinkkorn in die Flüssigkeit. Bei Gegenwart von Antimon bildet sich ein *auf dem Platinblech* fest anhaftender *schwarzer Fleck* von Antimon (während Zinn als graues schwammiges Metall *am Zink* abgeschieden wird).

6) *Im Marsh'schen Apparat* entwickelt sich gasförmiger Antimonwasserstoff SbH_3, welcher die Wasserstoffflamme fahlgrün färbt. Die russschwarzen Antimonflecke (in der Regel von einem Hauch von weissem Sb_2O_3 bedeckt) *lösen sich in unterchlorigsaurem Natron nicht.* Die Lösung der Flecke in conc. Salpetersäure giebt mit Ammoniummolybdat *keinen* Niederschlag. — Die Ränder des Antimonspiegels erscheinen an der

der Flamme zugekehrten Seite abgeschmolzen. (Unterschied von *As*).

Vorprüfung: a) mit Kobaltlösung auf Kohle geglüht: *schmutziggrüne* Masse;
b) auf Kohle mit Soda geschmolzen: *weisser* Beschlag und *spröde* Metallkörner.

Anmerk. Antimon wird von Salzsäure nicht angegriffen; von Salpetersäure wird es je nach der Concentration derselben in der Wärme entweder nur zu Antimontrioxyd oder weiter zu Antimonsäure oxydirt, welche sich als *unlösliche* Pulver abscheiden:

$$2Sb + 2HNO_3 = Sb_2O_3 + 2NO + H_2O$$
$$3Sb + 5HNO_3 + 2H_2O = 3H_3SbO_4 + 5NO.$$

Nach dem Abfiltriren und Auswaschen lassen sich die Rückstände durch Behandeln mit Schwefelammonium leicht in Lösung bringen:

$$Sb_2O_3 + 6(NH_4)_2S + 3H_2O = 2Sb(NH_4)_3S_3 + 6NH_4OH$$
$$H_3SbO_4 + 4(NH_4)_2S + H_2O = Sb(NH_4)_3S_4 + 5NH_4OH.$$

Von Königswasser wird Antimon als Antimonsäure *gelöst.*

3. Zinnverbindungen.

Zinnoxydulhydrat $Sn(OH)_2$, verhält sich gegen starke Säuren wie eine Base; ist in Kali- und Natronlauge löslich.
Zinnoxydhydrat $Sn(OH)_4$ und *Zinnsäure* $SnO(OH)_2$; letztere hat eine geringe Neigung zur Bildung von Salzen (Stannaten).

1) *Schwefelwasserstoff* fällt aus sauren Lösungen
a) der Zinnoxydulsalze: *braunes* Zinnsulfür:

$$SnCl_2 + H_2S =$$

Zinnsulfür wird nicht von *farblosem* (Einfach-) Schwefelammonium, dagegen leicht von *gelbem* (Mehrfach-) Schwefelammonium[1] gelöst; Säuren fällen aus der Lösung Zinnsulfid, z. B.:

[1] Vergl. S. 135.

$$SnS + 2(NH_4)_2S_3 = Sn(NH_4)_2S_3 + (NH_4)_2S_4$$
$$Sn(NH_4)_2S_3 + H_2SO_4 =$$

b) des Zinnchlorids: *gelbes* Zinnsulfid SnS_2:

$$SnCl_4 + 2H_2S =$$

Zinnsulfid ist in Schwefelammonium, sowie in Kali- und Natronlauge leicht löslich:

$$SnS_2 + (NH_4)_2S =$$
$$3SnS_2 + 6KOH = 2K_2SnS_3 + K_2SnO_3 + 3H_2O.$$

2) *Kalilauge* fällt aus Lösungen

a) der Zinnoxydulsalze: weisses Oxydulhydrat, welches sich im Ueberschuss des Fällungsmittels löst.

Fügt man zu der Lösung des Zinnoxydulhydrats in Kalilauge etwas *Wismuthoxydsalz*, so entsteht (unter Bildung von Kalium- oder Natriumstannat) ein *schwarzer* Niederschlag von Wismuthoxydul (Unterschied von Zinnsäure):

$$Sn(OH)_2 + 8KOH + 2Bi(NO_3)_3 = 2BiO + SnK_2O_3 + KNO_3 + 4H_2O.$$

b) von Zinnchlorid: weisse Zinnsäure:

$$SnCl_4 + 4KOH = Sn(OH)_4 + 4KCl.$$

Der Niederschlag löst sich in *Kalilauge* unter Bildung von Kaliumstannat leicht auf:

$$Sn(OH)_4 + 2KOH = SnO_3K_2 + 3H_2O.$$

Auf weiteren Zusatz von Kalilauge entsteht von neuem ein Niederschlag, da das Kaliumstannat in überschüssiger Kalilauge unlöslich ist.

Natronlauge und *Ammoniak* verhalten sich gegen Zinnverbindungen wie die *Kalilauge*, jedoch lösen sich die entstehenden Niederschläge *nicht* immer im Ueberschuss des Fällungsmittels auf.

3) Bringt man in die saure Lösung einer Zinnverbindung *Zink* (am besten in Stangenform), so scheidet sich an demselben das Zinn als schwammiges Metall ab, welches sich leicht mechanisch von dem Zink trennen lässt. Das ausgeschiedene Zinn löst sich in concen-

trirter Salzsäure unter Wasserstoffentwickelung zu *Zinnchlorür*.

Fügt man zu der Lösung des Zinnchlorürs

4) *Quecksilberchlorid*, so entsteht je nach der Menge des Zinnchlorürs ein Niederschlag von feinvertheiltem grauem Quecksilber oder weissem Quecksilberchlorür:

$$SnCl_2 + 2HgCl_2 = SnCl_4 + Hg_2Cl_2$$
$$SnCl_2 + HgCl_2 = SnCl_4 + Hg.$$

Vorprüfung: Mit Soda auf Kohle geschmolzen: weisse ductile Metallkörner.

Anmerk. Zinn wird von concentrirter Salzsäure zu Zinnchlorür (von Königswasser zu Zinnchlorid) gelöst:

$$Sn + 2HCl = SnCl_2 + 2H.$$

Beim Erwärmen mit *Salpetersäure* wird das Zinn in weisse, unlösliche Zinnsäure übergeführt, welche nach dem Abfiltriren und Auswaschen von Schwefelammonium zu Ammoniumsulfostannat gelöst wird.

IV. Aufsuchung der Säuren.

A. Allgemeines.

Der Aufsuchung der Säuren hat die Ermittelung der Basen *vorauszugehen.*

Der zur Auffindung der Säuren einzuschlagende Weg ist von dem zur Erkennung der Basen dienenden etwas abweichend. Es beruht dies besonders darauf, dass mehrere Säuren bei gewöhnlicher Temperatur gasförmig sind, während von den Basen nur das Ammoniak flüchtig ist. Ein allgemeines Reagens, welches es gestattet, die einzelnen Säuren in wenige Gruppen abzuscheiden, ähnlich, wie es Schwefelwasserstoff ermöglicht, sämmtliche Basen in drei Hauptgruppen zu trennen, giebt es nicht. Immerhin kommen, soweit es angänglich ist, Reagentien zur Anwendung, um die Säuren in Form unlöslicher Verbindungen abzuscheiden. Die Niederschläge enthalten in der Regel die *gesuchte Säure* und die bekannte, in dem Reagens enthaltene Base oder bestehen, wenn das Reagens eine Säure ist, aus der Säure selbst.

Die Auffindung der Säuren wird durch die Kenntniss der in dem zu untersuchenden Körper vorhandenen Metalle und durch die Berücksichtigung der Löslichkeitsverhältnisse der Salze wesentlich erleichtert. Es ist oft zweckmässig, bisweilen erforderlich, vorhandene Schwermetalle zuvor durch Schwefelwasserstoff oder Natriumcarbonat zu entfernen.

Ist der Körper in *Wasser unlöslich,* so ist die Gegenwart von Salpetersäure,[1] salpetriger Säure, Chlor-

[1] Vergl. die Note S. 102.

säure und unterchloriger Säure ausgeschlossen. Löst sich der Körper in Wasser oder in Säuren vollständig auf, so kann *bei Anwesenheit von Silberoxyd* nicht Salzsäure, Brom- oder Jodwasserstoffsäure, *bei Anwesenheit von Baryt* nicht Schwefelsäure u. s. w. vorhanden sein.

Besteht der zu untersuchende Körper aus einem Gemisch von Salzen mit verschiedener Löslichkeit, so ist die Prüfung auf Säuren getrennt vorzunehmen:

mit dem 1) in Wasser löslichen Theil,
2) in Säuren löslichen Theil,
3) aufzuschliessenden Theil.

I. Der in Wasser lösliche Theil.

1) Man säuere die wässrige Lösung mit Salzsäure an. Die Erscheinungen, welche hierbei auftreten können, sind: *Der in Wasser lösliche Theil.*

A) Es entwickeln sich sofort oder beim Erwärmen:
a) *farblose*, b) *gefärbte* Gase.

B) Es entsteht ein Niederschlag.

A) Es entwickeln sich Gase.

a) Die *farblosen* Gase können sein: *Farblose Gase.*

Kohlensäure *Schweflige Säure* *Schwefelwasserstoff* *Cyanwasserstoff*	**I. Gruppe.**[1]

Diese vier Säuren werden aus ihren in Wasser löslichen Salzen durch Salzsäure in Freiheit gesetzt und entweichen sofort oder beim Erwärmen. Durch Ueberführen der Gase in ein leeres oder mit dem geeigneten

[1] Bei der Eintheilung der Säuren in einzelne Gruppen auf Grund ihres analytischen Verhaltens ist zu beachten, dass einige Säuren *zwei Gruppen* zugetheilt sind.

In die I. Gruppe gehört auch die *unterschweflige Säure.*

Reagens theilweise gefülltes Probirglas lassen sich die genannten Säuren leicht von den übrigen trennen und an ihren charakteristischen Eigenschaften erkennen.

Schweflige Säure kann auch *als Zersetzungsproduct* der *unterschwefligen Säure* auftreten. In diesem Falle trübt sich die Flüssigkeit milchig, infolge der Abscheidung von Schwefel, z. B.:

$$Na_2S_2O_3 + 2HCl = SO_2 + S + 2NaCl + H_2O.$$

Gefärbte Gase. b) Die Gase sind *gefärbt:*

rothbraun, bei Gegenwart von *salpetriger Säure,*
gelbgrün, bei Gegenwart von *unterchloriger Säure:*

$$NaOCl + 2HCl = 2Cl + NaCl + H_2O.$$

Liegt ein Gemisch von Salzen vor, deren Säuren in freiem Zustande auf einander einwirken, so treten beim Ansäuern der wässrigen Lösung mit Salzsäure und Erwärmen bisweilen gefärbte Gase als Umsetzungsproducte auf, z. B.:

braungefärbte Gase: bei gleichzeitiger Anwesenheit von *Nitraten* und *Sulfiten*, z. B.:

$$2HNO_3 + 3SO_2 + 2H_2O = 2NO + 3H_2SO_4,$$

oder bei gleichzeitiger Anwesenheit von *Bromiden* und *Chloraten*, z. B.:

$$6KBr + KClO_3 + 6HCl = 6Br + 7KCl + 3H_2O,$$

violettgefärbte Dämpfe: bei gleichzeitiger Anwesenheit von *Jodiden* und *Jodaten*, z. B.:

$$6KJ + KJO_3 + 6HCl = 6J + 7KJ + 3H_2O$$

u. s. w.

Durch Salzsäure werden gefällt. *B) Es entsteht ein Niederschlag,*

— jedoch nur in concentrirten Lösungen —

Borsäure }
Kieselsäure } II. Gruppe.

Die wässrigen Lösungen der Borate und Silicate reagiren alkalisch.

In *alkalischen* Lösungen tritt ferner durch Salzsäure eine Fällung ein von:

Schwefel unter gleichzeitiger Entwickelung von schwefliger Säure bei Gegenwart von *Hyposulfiten*,

Schwefel unter gleichzeitiger Entwickelung von Schwefelwasserstoff bei Gegenwart von *Polysulfiden*,

Schwefelmetallen bei Gegenwart von in Wasser, Schwefelammonium oder Alkalien löslichen Sulfiden,

Cyanmetallen bei Gegenwart von in Ammoniak, Alkalicyanid oder -hyposulfit löslichen Cyaniden der Schwermetalle,

Bleioxyd, *Silberoxyd* u. s. w. bei Gegenwart von in Ammoniak und fixen Alkalien löslichen Oxyden der Schwermetalle,

Kaliumbitartrat bei Gegenwart von Weinsäure und Kalisalzen; nicht aus verdünnten Lösungen,

Antimonsäure in Lösungen von Kaliumantimoniat.

2) Man versetze je einen Theil der kalten, wässrigen Lösung nach dem Ansäuern mit Salzsäure — wenn hierbei ein Niederschlag eintritt, nach dem Filtriren —

A) mit Indiglösung.

Die blaue Farbe der Indiglösung verschwindet sofort oder beim Erwärmen bei Gegenwart von: *Indiglösung entblauende Säuren.*

Salpetersäure *Salpetriger Säure* *Chlorsäure* *Unterchloriger Säure* *Chromsäure*	} III. Gruppe.

sowie bei Anwesenheit anderweitiger mit Salzsäure *freies Chlor* entwickelnder Verbindungen.

Die Flüssigkeit wird von den Oxydationsproducten des Indigos, je nach der Menge der angewandten Indiglösung mehr oder weniger gelblich gefärbt; bei Gegenwart von *Chromsäure* wird die Flüssigkeit grün.

B) mit Chamäleonlösung.

Die rothe Farbe des Kaliumpermanganats verschwindet sofort oder beim Erwärmen bei Gegenwart von: *Chamäleon entfärbende Säure.*

Schwefliger Säure
Schwefelwasserstoff
Salpetriger Säure
Oxalsäure

Diese Säuren gehören der I., der III. und V. Gruppe an.

Aus *salzsaurer* Lösung durch *Chlorbaryum* fällbar.

C) mit Chlorbaryum.

Es entsteht ein Niederschlag bei Gegenwart von:

Schwefelsäure
Kieselfluorwasserstoff } **IV. Gruppe.**

Aus *essigsaurer* Lösung durch *Chlorcalcium* fällbar.

D) mit Natriumacetat und Chlorcalcium.

Es entsteht ein Niederschlag bei Gegenwart von:

Schwefelsäure
Fluorwasserstoff
Oxalsäure } **V. Gruppe.**

Aus *essigsaurer* Lösung durch *Eisenchlorid* fällbar.

E) mit Natriumacetat und wenig Eisenchlorid.

Es entsteht ein Niederschlag bei Gegenwart von:

Phosphorsäure
Arsensäure
Ferrocyanwasserstoff } **VI. Gruppe.**

3) Man versetze einen Theil der mit *Salpetersäure* angesäuerten, wässrigen Lösung kalt mit *Silbernitrat*.

Es entsteht ein Niederschlag bei Gegenwart von[1]:

[1] In nicht zu verdünnten Lösungen auch bei Gegenwart von *Schwefelsäure* (As_2SO_4 ist in 200 Th. Wasser löslich) und von *salpetriger* Säure ($AgNO_2$ ist in 300 Th. Wasser löslich).

Chlorwasserstoff *Bromwasserstoff* *Jodwasserstoff* *Cyanwasserstoff* *Ferrocyanwasserstoff* *Schwefelwasserstoff*	} **VII. Gruppe.**

Aus *salpeters.* Lösung durch *Silbernitrat* fällbar.

4) Man prüfe die wässrige Lösung (ohne anzusäuern) auf

Essigsäure *Weinsäure*	} **VIII. Gruppe.**

nach dem speciellen Theil (S. 122 bis 125). Das Vorhandensein dieser Säuren wird durch die Vorprüfung folgendermassen angezeigt:

Acetate entwickeln im Glühröhrchen brennbare Gase; mit concentrirter Schwefelsäure, Essigsäure; mit Schwefelsäure und Alkohol erhitzt, Essigäther; mit arseniger Säure, Kakodyloxyd. *Tartrate* werden im Glühröhrchen und beim Erhitzen mit concentrirter Schwefelsäure unter Abscheidung von Kohle zersetzt. — Wie die Tartrate verhalten sich die Salze vieler anderer *organischer Säuren*, welche mehr als zwei Atome Kohlenstoff enthalten.

II. Der in Säuren lösliche Theil.

Der in Säuren lösliche Theil.

Ist der zu untersuchende Körper in Wasser unlöslich, so versucht man denselben — oder, sofern ein Gemisch mehrerer Salze vorliegt, den in Wasser unlöslichen Antheil — zunächst mit verdünnter, dann mit concentrirter *Salzsäure* zu lösen. Löst er sich nicht oder nur theilweise, so behandelt man eine andere Probe oder den Rückstand mit (nicht zuviel) *concentrirter Salpetersäure* und schliesslich in gleicher Weise mit *Königswasser*.

In der durch Säuren erhaltenen Lösung ist die Anwesenheit von *Chlorsäure, unterchloriger Säure, Salpeter-*

säure[1] und *salpetriger Säure* ausgeschlossen. Bei *Abwesenheit* von *Schwermetallen* können *nicht: Chlor-*, *Brom-*, *Jod-* und *Cyanwasserstoffsäure* in der Lösung enthalten sein u. s. w.

Findet beim Behandeln des Körpers mit Salzsäure eine Gasentwickelung (Aufbrausen) statt, so ist die Natur der auftretenden Gase zu ermitteln. Dieselben können *Kohlensäure*, *schweflige Säure*, bei Anwesenheit von Schwermetallen auch *Schwefelwasserstoff* und *Cyanwasserstoff* enthalten.

Die salzsaure Lösung ist nach I, 2 C bis E weiter zu untersuchen.

Zu den in Salzsäure unlöslichen, durch Salpetersäure auflöslichen Verbindungen gehören besonders die Sulfide der Schwermetalle aus der dritten Hauptgruppe der Basen. Dieselben gehen unter Abscheidung von Schwefel in die entsprechenden Nitrate über; je nach der Concentration der Salpetersäure und der Dauer der Einwirkung wird ein grösserer oder geringerer Theil des Schwefels in Schwefelsäure verwandelt, welche nach I, 2 C nachzuweisen ist, bei Gegenwart von Blei vergl. S. 25.

Nur wenige Körper, welche der Einwirkung von Salzsäure und Salpetersäure widerstehen, werden durch *Königswasser* in Lösung gebracht. Hierher gehören z. B. Gold, Platin, Quecksilbersulfid u. s. w.

Unter Umständen kann es vortheilhaft sein, andere als die angegebenen Lösungsmittel anzuwenden. So kann man sich z. B. der Kali- oder Natronlauge bedienen,

um das Chlor im Quecksilberchlorür nachzuweisen,[2] indem man nach der Umsetzung desselben in Quecksilberoxydul:

$$Hg_2Cl_2 + 2NaOH = Hg_2O + 2NaCl + H_2O$$

---

[1] Nur einige wenige *basische* Salze der Salpetersäure, z. B. $BiONO_3$ sind in Wasser unlöslich; dieselben lösen sich leicht in concentrirten Säuren.

[2] Quecksilberchlorür wird auch von concentrirter Salpetersäure gelöst.

abfiltrirt und das Filtrat nach dem Ansäuern mit Salpetersäure durch Silbernitrat fällt;

oder um ein Gemisch von Bleichromat und Bleisulfid zu trennen; ersteres geht in Lösung, letzteres nicht; u. s. w.

III. Der aufzuschliessende Theil.

Hierher gehören vorzugsweise die *Silicate*. Das Vorhandensein von Kieselsäure ergiebt sich ans dem Kieselskelett der Phosphorsalzperle. Abgesehen von den *Silicaten* (und seltener vorkommenden Körpern) ist die Anzahl der in Wasser und Säuren unlöslichen Verbindungen beschränkt auf einige *Fluor-* und *Kieselfluormetalle, Chromeisenstein; Kohle, Schwefel,* sowie auf solche Verbindungen, welche in Folge ihrer Unlöslichkeit in analytischer Beziehung von Wichtigkeit sind, wie z. B. $BaSO_4$, $AgCl$ u. s. w. *Der aufzuschliessende Theil.*

Zieht man nach dem Aufschliessen *mit Soda* (vergl. 2) S. 24) die Schmelze mit Wasser aus, so geht die Säure als Natronsalz in den wässrigen Theil über. (Betreffs der Analyse der Silicate vergl. S. 101.) In der wässrigen Lösung ist die Säure nach I, 2 C bis E zu ermitteln. Ist auf Grund der Vorprüfung die Aufschliessung in *andrer Weise* zu bewerkstelligen (vergl. 4) S. 25), so ist der zur Aufsuchung der Säure einzuschlagende Weg *unter Berücksichtigung der Art der Aufschliessung* und der *Natur der vorhandenen Metalle zu wählen.*

Die zum Nachweis der Säuren auszuführenden Operationen und wichtigsten Reactionen sind in der **dritten Tabelle** zusammengestellt. Die Anwesenheit einer Säure ist *nur dann* als *sicher erwiesen* zu betrachten, wenn *sämmtliche* auf der Tabelle *und* im speciellen Theil angegebenen Reactionen beobachtet worden sind.

B. Specieller Theil.

Gruppe I.

Säuren, deren Salze mit *Salzsäure* farblose Gase entwickeln.

(*Kohlensäure, Schwefelwasserstoff, schweflige Säure, unterschweflige Säure, Cyanwasserstoff.*[1])

1. Kohlensäure.

Kohlendioxyd oder *Kohlensäureanhydrid* CO_2.
(Carbonate $M_2'CO_3$.*)*

In Wasser sind nur die Alkalicarbonate löslich. Kohlensäurehaltiges Wasser löst *geringe Mengen* der Carbonate einiger Schwermetalle und der alkalischen Erden, besonders Calcium-, Blei- und Eisenoxydulcarbonat.

1) Durch Mineralsäuren (Salz-, Salpeter-, Schwefelsäure), sowie durch die meisten organischen Säuren (mit Ausnahme der *Blausäure*) werden die Carbonate schon bei gewöhnlicher Temperatur unter Freiwerden von *Kohlensäureanhydrid*, CO_2 (in der Regel kurzweg mit „Kohlensäure" bezeichnet) unter Bildung der entsprechenden Salze zersetzt. Durch Kochen lässt sich die CO_2 leicht vollständig austreiben. (1 Vol. Wasser löst in der Kälte etwa 1 Vol. CO_2.) Beim Uebergiessen der festen Carbonate, sowie beim Vermischen von Lösungen der Carbonate mit Salzsäure findet ein *Aufbrausen* statt. Das sich entwickelnde Gas hat einen schwach säuerlichen, stechenden Geruch.

Formel:

Kohlensäure ist etwa 1,7 Mal schwerer als Luft und lässt sich daher leicht aus einem Gefässe in das andre übergiessen. Füllt man das sich entwickelnde

[1] Siehe S. 119.

Gas in ein Probirglas über, in welchem sich einige Cubikcentimenter *Baryt-* oder *Kalkwasser* befinden, so entsteht beim Umschütteln, nach dem Verschliessen der Oeffnung des Probirglases mit dem Daumen ein weisser Niederschlag, von $BaCO_3$ oder $CaCO_3$, der sich unter Aufbrausen (Moussiren) in Salzsäure löst.

Da Wasser nicht mehr als 0,17 pCt. $Ca(OH)_2$ löst und $CaCO_3$ bei Gegenwart von überschüssiger Kohlensäure etwas löslich ist, kann es sich bei Anwendung von zu wenig und zu verdünntem Kalkwasser ereignen, dass sich der Anfangs entstandene Niederschlag wieder auflöst.

2) Die wässrigen Lösungen der *Alkalicarbonate* werden gefällt durch die Salze der alkalischen Erden- und Schwermetalle, z. B. durch

a) *Chlorbaryum,* weiss als $BaCO_3$.

Formel:

b) *Bleiacetat,* als basisches Salz $2PbCO_3, Pb(OH)_2$ (Bleiweiss).

Formel:

c) *Silbernitrat,* in der Kälte weiss als Ag_2CO_3.

Formel:

Das Silbercarbonat zersetzt sich beim Kochen in schwarzbraunes Ag_2O und CO_2; das Kupfercarbonat in CuO und CO_2.

2. Schwefelwasserstoff H_2S.

1 Vol. Wasser löst bei gewöhnlicher Temperatur 3 Vol. Schwefelwasserstoffgas; *gesättigtes* Schwefelwasserstoffwasser enthält 0,45 Gew. Proc. H_2S.

In wässrigen Lösungen ist nur auf Alkalisulfide, auf Polysufide und Sulfhydrate der alkalischen Erden, sowie auf Sulfosalze des Arsens, Antimons und Zinns (vergl. S. 76) Rücksicht zu nehmen. Sulfide des Aluminiums und Chroms sind nicht bekannt. Magnesiumsulfid wird durch Wasser allmählich in $Mg(OH)_2$ und H_2S verwandelt. —

Schwefelwasserstoff wirkt oft *reducirend* (vergl. 4).

Vorprüfung: a) *Heparreaction;*
b) beim Erhitzen im Glühröhrchen geben viele Sulfide ein *Sublimat* von *Schwefel.*

1) Die in Wasser löslichen Sulfide werden durch *Salzsäure unter Entwickelung* von H_2S *ohne* oder *mit Abscheidung von S* zersetzt, z. B.

$$K_2S + 2HCl = 2KCl + H_2S$$
$$K_2S_5 + 2HCl = 2KCl + H_2S + 4S.$$

Die Lösung der Polysulfide ist *gelb* gefärbt. (Vergl. S. 135.)

2) Der bei der Zersetzung von Schwefelmetallen freiwerdende *Schwefelwasserstoff* lässt sich leicht erkennen:

a) am *Geruch;*

b) an der *Brennbarkeit;* die Flamme ist blau, es entsteht schweflige Säure (erkennbar am Geruch);

c) am *Braun-* oder *Schwarzwerden* eines in *Bleisalzlösung* getauchten Papierstreifens.

3) Spuren eines in wässriger Lösung befindlichen Schwefelmetalls (jedoch nicht freier Schwefelwasserstoff) geben sich auf Zusatz eines Tropfens einer verdünnten Lösung von *Nitroprussidnatrium* durch *Violettfärbung* zu erkennen.

4) Schwefelwasserstoff wird sehr leicht unter Abscheidung von Schwefel zu Wasser oxydirt, bei gewöhnlicher Temperatur allmählich schon durch den Sauerstoff der Luft; in saurer Lösung durch Eisenoxydsalze, Salpetersäure, Chamäleonlösung (die rothe Farbe des Kaliumpermanganats verschwindet) u. s. w.

Formel:

3. Schweflige Säure.

Schwefeldioxyd oder *Schwefligsäureanhydrid* SO_2.
(*Sulfite:* $M_2'SO_3$.)

In wässrigen Lösungen, ist nur auf *Alkalisulfite* Rücksicht zu nehmen.

Schweflige Säure ist ein kräftiges Reductionsmittel (vergl. 3).

Vorprüfung: a) *Heparrection*,
b) beim Erhitzen im Glühröhrchen entstehen Sulfat und Schwefelmetall.

1) Die Sulfite werden durch *Salzsäure* ohne Abscheidung von Schwefel (Unterschied von Hyposulfiten) zersetzt, beim Kochen entweicht *Schwefligsäureanhydrid* SO_2, erkennbar am Geruch (nach verbrennendem Schwefel); in der Kälte bleibt SO_2 gelöst (1 Vol. Wasser löst bei gewöhnlicher Temperatur 45 Vol. SO_2).

Formel:

2) Mit *Salzsäure und Zink* erhitzt, entwickeln die Sulfite *Schwefelwasserstoff* (empfindliche Reaction auf schweflige Säure bei Abwesenheit von Schwefelmetallen und Hyposulfiten).

$$K_2SO_3 + 3Zn + 8HCl = H_2S + 2KCl + 3ZnCl_2 + 3H_2O.$$

3) Schweflige Säure nimmt leicht *Sauerstoff* auf und geht in Schwefelsäure über.

Sind die oxydirend wirkenden Lösungen charakteristisch gefärbt, so lässt sich die schweflige Säure an der Farbenänderung, welche das Oxydationsmittel erleidet, erkennen, wenn keine anderen reducirend wirkenden Körper vorhanden sind, z. B.:

a) die rothe *Chamäleonlösung* wird entfärbt:

$$2KMnO_4 + 5SO_2 + 2H_2O = K_2SO_4 + 2MnSO_4 + 2H_2SO_4.$$

b) die orangegelbe Lösung des *Kaliumbichromats* wird grün:

$$K_2Cr_2O_7 + 3SO_2 + 2HCl = Cr_2(SO_4)_3 + 2KCl + H_2O.$$

c) die gelbbraune Lösung der *Eisenoxydsalze* wird entfärbt:

$$Fe_2(SO_4)_3 + SO_2 + 2H_2O = 2FeSO_4 + 2H_2SO_4.$$

d) die braune Lösung von *Jod* in Jodkalium wird farblos:

$$J + SO_2 + 2H_2O = H_2SO_4 + 2HJ.$$

Die entstandene Schwefelsäure ist nachzuweisen.

In ähnlicher Weise werden die Sulfite allmählich durch den Sauerstoff der Luft oxydirt, wobei oft zugleich Hyposulfite entstehen.

4) *Chlorbarium* und *Bleiacetat* fällen aus nicht zu verdünnten Lösungen die entsprechenden Sulfite. Die Niederschläge lösen sich in Salpetersäure vollständig, wenn der zu untersuchende Körper frei von Schwefelsäure war.

5) *Schwefelwasserstoff* scheidet aus Lösungen, welche freie schweflige Säure enthalten, *Schwefel* ab:

$$2H_2S + SO_2 = 3S + 2H_2O.$$

4. Unterschweflige Säure.

(*Hyposulfite* oder *Thiosulfate:* $M_2'S_2O_3$.)

In Wasser schwer löslich sind: Baryum-, Blei- und Silberthiosulfat.

Vorprüfung: a) *Heparreaction*,

b) im Glühröhrchen erhitzt, entsteht ein *Sublimat* von *Schwefel*, z. B.:

$$4Na_2S_2O_3 = 3Na_2SO_4 + \underbrace{Na_2S_5}_{Na_2S + S_4}.$$

1) Durch Salzsäure werden die Thiosulfate unter Entwickelung von schwefliger Säure *und Abscheidung von Schwefel* zersetzt, z. B.:

$$K_2S_2O_3 + 2HCl = SO_2 + S + 2KCl + H_2O.$$

2) In nicht zu verdünnten Lösungen der Thiosulfate entsteht ein Niederschlag auf Zusatz von:

a) *Chlorbaryum*, weiss; löslich in viel Wasser.

Formel:

b) *Silbernitrat*, sofort gelb und allmählich schwarz werdend, unter Bildung von Ag_2S:

$$Ag_2S_2O_3 + H_2O + Ag_2S + H_2SO_4.$$

Der frischgefällte Niederschlag ist in Natriumthiosulfat löslich.

$$Ag_2S_2O_3 + Na_2S_2O_3 = 2\,AgNaS_2O_3.$$

c) *Bleiacetat*, weiss.

Formel:

Der Niederschlag ist in Natriumthiosulfat löslich. Beim Kochen färbt sich der Niederschlag unter Bildung von PbS schwarz.

3) Lösliche Thiosulfate entfärben die braune Lösung von *Jod* in Jodkalium unter Bildung von tetrathionsaurem Salz und Jodmetall:

$$2\,Na_2S_2O_3 + 2\,J = S_2{}^{SO_3Na}_{SO_3Na} + 2\,NaJ.$$

4) Die Lösungen der *Alkalithiosulfate* werden durch Eisenchlorid vorübergehend rothviolett gefärbt (Unterschied von schwefliger Säure).

Gruppe II.

Säuren, welche durch *Salzsäure* gefällt werden.

(*Borsäure*, *Kieselsäure*.)

1. Borsäure.

Ausser den normalen *Boraten* M'_3BO_3 kommen auch *Borate* vor, welche sich von HBO_2 ($= H_3BO_3 - H_2O$) oder wie der *Borax* von $H_2B_4O_7$ ($= 4\,H_3BO_3 - 5\,H_2O$) ableiten.

Die Borate sind in Wasser mehr oder weniger löslich. Die wässrigen Lösungen der borsauren Alkalien reagiren alkalisch.

Vorprüfung: a) *grüne* Flammenfärbung *nach dem Befeuchten* mit concentrirter Schwefelsäure,

b) mit *Kobaltlösung* geglüht, geben die borsauren Alkalien ein blaues Glas.

1) In nicht zu verdünnten wässrigen Lösungen der Borate entsteht beim Ansäuern mit *Salzsäure* oder einer anderen Säure ein krystallinischer schuppiger Niederschlag von Borsäure (Unterschied von Phosphorsäure):

$$Na_2B_4O_7 + 2HCl + 5H_2O = 4H_3BO_3 + 2NaCl.$$

1 Th. Borsäure löst sich in ungefähr 25 Th. kaltem Wasser.

2) In nicht zu verdünnten wässrigen Lösungen der Borate entstehen auf Zusatz von *Calcium-, Baryum-, Silber-, Blei-, Quecksilberoxydul-* und *Eisenoxydsalzen* weisse oder gelbliche Niederschläge, die in Säuren, zum Theil auch in Ammoniumsalzen leicht löslich sind.

3) *Empfindlichste Reaction auf Borsäure.* Taucht man in eine sauer reagirende Lösung, welche *Borsäure* enthält, *Curcumapapier,* so färbt sich dasselbe beim Trocknen *braunroth;* befeuchtet man die braunroth gewordene Stelle mit Natronlauge, so geht die Färbung in grünschwarz über.

4) Uebergiesst man *borsäurehaltige* Körper in fein gepulvertem Zustande mit *concentrirter Schwefelsäure* und *Alkohol,* so entsteht beim Anzünden des Alkohols eine grünumsäumte Flamme. (Unterschied von Phosphorsäure.)

2. Kieselsäure.

(H_2SiO_3).

Die meisten *Silicate* leiten sich von der Formel der Polykieselsäuren $a(H_4SiO_4)-b(H_2O)$ ab, in welcher a und b kleine ganze Zahlen bedeuten.

Nur die künstlich durch Zusammenschmelzen von Kieselsäure mit Alkalien oder Alkalicarbonaten dargestellten Alkalisilicate (Wasserglas) sind in Wasser löslich. Von den übrigen Silicaten werden die einen (Zeolithe, Schlacken) durch Salzsäure unter Abscheidung von mehr oder weniger Kieselsäure und Bildung löslicher Chlormetalle zersetzt, während die andern durch Salzsäure nicht angegriffen werden und durch Schmelzen mit Soda aufzuschliessen sind. Fluorwasserstoffsäure zersetzt alle Silicate, wobei das Silicium als Fluorsilicium entweicht. (Vergl. S. 25 und 111.)

Vorprüfung: a) *Kieselskelett* in der Phosphorsalzperle,[1]
b) mit *Kobaltlösung* auf Kohle stark geglüht *blauviolette*, geschmolzene oder unschmelzbare Masse.

1) Die löslichen Alkalisilicate werden unter Abscheidung von Kieselsäure zersetzt:

a) durch *Säuren*, selbst durch *Kohlensäure*, z. B.:

$$Na_2SiO_3 + CO_2 + H_2O = H_2SiO_3 + Na_2CO_3$$
$$Na_2SiO_3 + 2HCl =$$

In verdünnten Lösungen entsteht kein Niederschlag, vergl. unten.

b) durch *Salmiak* und andere Ammoniumsalze:

$$Na_2SiO_3 + 2NH_4Cl = H_2SiO_3 + 2NaCl + 2NH_3.$$

Der Niederschlag entsteht auch in verdünnten Lösungen beim Erwärmen.

2) Die löslichen Salze der *alkalischen* Erden und *Schwermetalle* erzeugen in den Lösungen der Alkalisilicate Niederschläge, welche von concentrirten Säuren unter Abscheidung von Kieselsäure zersetzt werden. Vergl. auch S. 24.

Anmerk. Bei der Zersetzung der Silicate durch Säuren scheidet sich meistens gallertartige oder pulverförmige Kieselsäure aus, ein Theil der Kieselsäure *bleibt stets* in Lösung. Bei Anwendung von viel und verdünnter Säure kann es sich auch ereignen, dass alle Kieselsäure in Lösung bleibt.

Um die in Lösung gebliebene Kieselsäure unlöslich zu machen, dampft man (ohne zu filtriren) in einer

[1] Es ist zu beachten, dass *nicht alle* Silikate das Kieselskelett geben.

Platin- oder Porcellanschale auf dem Wasserbade vollständig bis zur staubigen Trockne ein. Zieht man hierauf den Rückstand nach dem Befeuchten mit einigen Tropfen concentrirter Salzsäure mit Wasser aus, so bleibt alle Kieselsäure zurück, während die Chlormetalle in Lösung gehen. Die zurückbleibende Kieselsäure ist im Platintiegel mit Flusssäure auf ihre Reinheit zu prüfen.

Gruppe III.
Indiglösung entblauende Säuren.

(*Salpetersäure, salpetrige Säure; Chlorsäure, unterchlorige Säure; Chromsäure.*)

1. Salpetersäure.

(*Nitrate:* $M'NO_3$.)

Die Nitrate sind mit Ausnahme weniger basischer Salze[1] in Wasser löslich; die Salpetersäure lässt sich daher nicht in Form eines Salzes zur Abscheidung bringen.

Salpetersäure wirkt energisch oxydirend.

Vorprüfung: a) Beim Erhitzen im Glühröhrchen entwickeln:

1) die Alkalinitrate *Sauerstoff*, z. B.:

$$KNO_3 = O + KNO_2.$$

(Der Rückstand im Glühröhrchen entwickelt mit concentrirter Schwefelsäure braunrothe Dämpfe.)

2) Die Nitrate der Schwermetalle *braunrothes* NO_2 neben O, z. B.:

$$Cu(NO_3)_2 = 2NO_2 + O + CuO.$$

b) Beim Erhitzen auf Kohle: lebhafte Verbrennung unter Funkensprühen (Verpuffen).

c) Beim Erwärmen mit concentrirter Schwefelsäure im Probirglas: saure, farblose oder wenig gefärbte Dämpfe; nach Zusatz von Eisenvitriol *braunrothe* Dämpfe.

---

[1] Z. B.: $BiONO_3$; die basischen Salze lösen sich leicht in concentrirten Säuren.

1) Fügt man zu der Lösung eines *Nitrats* in wenig Wasser etwa die gleiche Menge *concentrirter Schwefelsäure* und überschichtet die Mischung nach dem Erkalten (am besten in einer Porzellanschale) vorsichtig mit einer nicht zu verdünnten *Eisenvitriollösung*, so entsteht an der Berührungsfläche, je nach der Menge der Salpetersäure, eine *violett-, roth- bis schwarzbraune Färbung.* Diese Färbung ist der Lösung des Stickoxyds in Eisenoxydulsalz eigenthümlich und verschwindet, wenn durch Erhitzen das Stickoxyd ausgetrieben oder durch einen Ueberschuss von Salpetersäure alles Eisenoxydulsalz oxydirt wird. (Salpetrige Säure vergl. S. 105).

$$6FeSO_4 + 2KNO_3 + 4H_2SO_4 = 3Fe_2(SO_4)_3 + 2NO + K_2SO_4 + 4H_2O.$$

2) Färbt man durch Salz- oder Schwefelsäure *angesäuerte Lösungen der Nitrate* mit einigen Tropfen *Indiglösung* blau und erwärmt hierauf, so verschwindet die blaue Färbung; die Flüssigkeit wird gelblich. (Salpetrige Säure und freies Chlor entfärben Indiglösung schon in der Kälte.)

3) Löst man ein Körnchen *Diphenylamin* in einer Porzellanschale in reiner *concentrirter Schwefelsäure* (ohne zu erwärmen) und lässt einen Tropfen der zu untersuchenden Lösung hinzu fliessen, so färbt sich, selbst wenn nur Spuren von Nitraten in derselben vorhanden sind, die Schwefelsäure an den Berührungsstellen *intensiv blau.* (Salpetrige Säure verhält sich ebenso.)

4) Giebt man zu einer mit *Stärkekleisterwasser* vermischten *Lösung von Jodkalium* einige Tropfen Schwefelsäure[1] und fügt hierauf die Lösung eines *Nitrats* hinzu, so tritt *keine* Blaufärbung ein. (Unterschied von sal-

[1] Die Mischung muss auf Zusatz der Schwefelsäure farblos bleiben; ist das Jodkalium durch jodsaures Kalium verunreinigt, so wird beim Ansäuren Jod frei, und die Mischung färbt sich blau:

$$5JK + KJO_3 + 3H_2SO_4 = 6J + 3K_2SO_4 + 3H_2O.$$

petriger Säure.) Wirft man nunmehr ein Stückchen *Zink* in die Lösung, so entsteht *salpetrige Säure*, welche eine Blaufärbung der Lösung bewirkt (vergl. salpetrige Säure 3, unten):

$$HNO_3 + Zn + H_2SO_4 = HNO_2 + ZnSO_4 + H_2O.$$

5) Zum Nachweis der *Salpetersäure neben salpetriger Säure* versetzt man die mit verdünnter Schwefelsäure angesäuerte Lösung mit *Harnstoff* und erwärmt bis alle salpetrige Säure verschwunden ist,

$$CO(NH_2)_2 + 2HNO_2 = CO_2 + 4N + 3H_2O,$$

und Jodkaliumstärkelösung nicht mehr gebläut wird. Hierauf ist die Salpetersäure nach 4. nachzuweisen.

2. Salpetrige Säure.

(*Nitrite* MNO_2.)

Die Nitrite sind mit Ausnahme des Doppelsalzes $CO(NO_2)_3,3KNO_3$ (vergl. S. 58) in Wasser leicht löslich; Silbernitrit ist in kaltem Wasser schwer löslich.

Salpetrige Säure wirkt sowohl oxydirend (2, 3, 4) als reducirend (5).

Vorprüfung: Beim Erwärmen mit concentrirter Schwefelsäure im Probirglas entwickeln sich *braunrothe* Dämpfe.

1) *Silbernitrat* fällt aus nicht zu verdünnten wässrigen Lösungen der Nitrite in der Kälte weisses krystallinisches Silbernitrit $AgNO_2$ (Unterschied von Salpetersäure).

Formel:

1 Th. Silbernitrit löst sich in 300 Th. kaltem Wasser.

2) *Schwefelwasserstoff* wird in angesäuerten Lösungen der Nitrite unter Abscheidung von Schwefel zerstört:

$$H_2S + 2KNO_2 + H_2SO_4 = S + 2NO + 2H_2O + K_2SO_4.$$

3) Macht man eine mit *Stärkekleisterwasser* vermischte *Lösung von Jodkalium* mit einigen Tropfen Schwefelsäure sauer und fügt hierauf eine Spur der

Lösung eines *Nitrits* hinzu, so entsteht sogleich eine Blaufärbung. (Vergl. Salpetersäure 4, S. 103.)

$$HNO_2 + HJ = J + NO + H_2O.$$

4) Versetzt man eine mit verdünnter Schwefelsäure *angesäuerte Lösung* von *Eisenvitriol* tropfenweise mit der Lösung eines Nitrits, so entsteht eine braunschwarze Färbung, welche verschwindet, sobald alles Eisenoxydulsalz oxydirt ist. (Nitrate zeigen *nach dem Versetzen* mit concentrirter Schwefelsäure dieselbe Reaction. Vergl. 1) S. 103.)

5) Lösungen von *übermangansaurem* Kali werden nach dem Ansäuern durch *Nitrite* entfärbt, Lösungen der Chromate grün gefärbt (Unterschied von Salpetersäure):

$$2KMnO_4 + 3H_2SO_4 + 5HNO_2 = K_2SO_4 + 2MnSO_4 + 3H_2O + 5HNO_3$$

$$K_2Cr_2O_7 + 4H_2SO_4 + 3HNO_2 = K_2SO_4 + Cr_2(SO_4)_3 + 4H_2O + 3HNO_3.$$

6) *Indiglösung* wird von Nitriten nach Zusatz von Salzsäure schon in der Kälte gebleicht; gegen *Diphenylamin* verhalten sich die Nitrite *wie die Nitrate.*

3. Chlorsäure.

(*Chlorate* $M'ClO_3$.)

Alle Chlorate sind in Wasser löslich; die Chlorsäure lässt sich daher nicht in Form eines Salzes abscheiden.

Vorprüfung: a) Beim Erhitzen im Glühröhrchen entwickelt sich *Sauerstoff*, z. B.:

$$KClO_3 = KCl + 3\,O.$$

Das Chlormetall ist im Rückstand nachzuweisen.

b) Beim Erhitzen auf Kohle lebhafte Verbrennung unter Funkensprühen (Verpuffen).

c) Beim Erwärmen mit concentrirter Schwefelsäure im Probirglas entwickelt sich grüngelbes *Chlordioxyd*, welches heftig explodirt. (**Vorsicht!**) Vergl. A, a, 1, S. 8.

1) *Silbernitrat*, *Bleisalze* u. s. w. geben mit den Lösungen der Chlorate *keine* Fällung.

2) Beim Erwärmen mit *Salzsäure* (**Vorsicht!**) entwickeln die Lösungen der Chlorate neben Chlor explosives *Chlordioxyd*:

$$KClO_3 + 2HCl = KCl + ClO_2 + Cl + H_2O.$$

4. Unterchlorige Säure.

Es sind nur die *Hypochlorite* der Alkalien und alkalischen Erden bekannt. Die Hypochlorite der Alkalien ($NaOCl$ und $KOCl$) existiren nur in wässriger Lösung; von den Hypochloriten der alkalischen Erden, welche in reinem Zustande nicht bekannt sind und in der Regel mit den Chloriden und Hydroxyden vermengt vorkommen, ist das Kalksalz:

$2\,Ca\left|{OCl \atop OH}\right.,\ CaCl_2 + 2H_2O$ (Chlorkalk) am wichtigsten; beim Behandeln mit Wasser geht Chlorkalk in Lösung.

Vorprüfung: Mit *concentrirter Schwefelsäure* im Probirglas übergossen: *gelbgrünes* Chlor.

1) Die Lösungen der Hypochlorite entwickeln mit *Salzsäure* schon in der Kälte *Chlor;* sie entfärben daher *Indiglösung* sofort.

Formel:

2) In den Lösungen, welche Hypochlorite neben Chloriden enthalten, fällt auf Zusatz von:

a) *Silbernitrat* oder *Quecksilberoxydulnitrat* nur Chlorsilber oder Quecksilberchlorür;

b) *Bleiacetat* zunächst weisses Chlorblei, welches allmählich in braunes Bleisuperoxyd übergeht.

$$PbCl_2 + HOCl + H_2O = PbO_2 + 3HCl.$$

3) Lösungen von *übermangansaurem* Kali werden durch Hypochlorite *nicht* entfärbt.

5. Chromsäure CrO_3.

($Chromate$ M'_2CrO_4 und *Bichromate* $M'_2Cr_2O_7$).[1]

Die Chromate werden durch Schwefelwasserstoff in saurer Lösung unter Abscheidung von Schwefel in grünes Chromoxydsalz übergeführt und geben sich daher schon beim Aufsuchen der Basen zu erkennen. (Vergl. S. 49).

Die Chromate und Bichromate der Alkalien, der alkalischen Erden (mit Ausnahme des Baryums) und des Magnesiums sind in Wasser löslich. Die Lösungen der Chromate haben eine *gelbe*, diejenigen der Bichromate eine *orangerothe* Farbe.

Die Chromate lassen sich leicht in Bichromate überführen und umgekehrt diese in jene, z. B.:

$$2K_2CrO_4 + 2HCl = K_2Cr_2O_7 + 2KCl + H_2O$$

$$K_2Cr_2O_7 + 2NaOH =$$

Chromsäure wirkt kräftig oxydirend.

Vorprüfung: a) *grüne* Phosphorsalzperle;
b) beim Erwärmen mit concentrirter Schwefelsäure entweicht *Sauerstoff*. (Unterschied von Chromoxyd.)

1) Mit verdünnter Schwefel- oder Salzsäure versetzte *Indiglösung* wird von Chromaten und Bichromaten beim Erwärmen oxydirt. Die Lösung wird von den entstehenden Chromoxydsalzen *grün* gefärbt.

2) In den wässrigen Lösungen der Chromate und Bichromate entsteht ein Niederschlag auf Zusatz von

a) *Chlorbaryum*. Der gelbe Niederschlag $BaCrO_4$ ist in Essigsäure schwer, in Salpetersäure leicht löslich.

Formel:

b) *Bleiacetat*. Der citronengelbe Niederschlag $PbCrO_4$ ist in Salpetersäure und Natronlauge leicht löslich.

Formel:

[1] Vergl. S. 49.

c) *Silbernitrat.* Der purpurrothe Niederschlag Ag_2CrO_4 oder $Ag_2Cr_2O_7$ ist in Salpetersäure und Ammoniak leicht löslich.

Formel:

3) Die Chromate und Bichromate entwickeln

a) mit *concentrirter Salzsäure* Chlor:

$$K_2Cr_2O_7 + 14HCl = 6Cl + 2KCl + 2CrCl_3 + 7H_2O.$$

b) in trockenem Zustande mit festem *Chlornatrium* und *concentrirter Schwefelsäure* erwärmt, rothbraune Dämpfe von Chlorchromsäure CrO_2Cl_2, welche mit Wasser oder Alkalien in *Chromsäureanhydrid* und *Salzsäure* zerfällt (vergl. S. 116):

$$K_2Cr_2O_7 + 4NaCl + 6H_2SO_4 = 2CrO_2Cl_2 + 2HKSO_4 + 3H_2O + 4HNaSO_4$$

$$CrO_2Cl_2 + H_2O = CrO_3 + 2HCl.$$

4) *Die geringsten Spuren von Chromsäure* lassen sich durch *Wasserstoffsuperoxyd* nachweisen. Man überschichtet einige Cubikcentimeter einer schwach sauren Lösung von Wasserstoffsuperoxyd im Probirglas mit etwas Aether und fügt allmählich nur wenig von der zu untersuchenden Lösung hinzu; ist Chromsäure vorhanden, so färbt sich die Aetherschicht beim Umschütteln blau.

Gruppe IV.

Säuren, welche aus *salzsaurer* Lösung durch *Chlorbaryum* gefällt werden.

(*Schwefelsäure, Kieselfluorwasserstoffsäure.*)

1. Schwefelsäure.

(*Sulfate* M'_2SO_4.)

Die meisten Sulfate sind in Wasser löslich; schwerlöslich sind: das *Silbersulfat* (in 200 Thl. Wasser), das *Calciumsulfat* (in 500 Th. Wasser); noch schwerer löslich sind: das *Strontiumsulfat* (in 7000 Th. Wasser), das *Bleisulfat* (in 23 000 Th. Wasser)[1]; *Baryumsulfat* wird von Wasser, Säuren u. s. w. nicht gelöst.

Die genannten Sulfate lassen sich durch Behandeln mit Kaliumcarbonat in die entsprechenden *Carbonate* überführen.

Vorprüfung: Auf Kohle mit Soda geglüht:
Heparreaction.

Aus den Lösungen der Sulfate fällen

1) *Chlorbaryum* oder Baryumnitrat *nach dem Ansäuern mit Salzsäure* Baryumsulfat; weiss, pulverig.

Formel:

Die Unlöslichkeit des Niederschlags in Salzsäure ermöglicht die Trennung der Schwefelsäure von *allen andern* Säuren mit Ausnahme der Kieselfluorwasserstoffsäure.

2) *Bleiacetat* oder -nitrat nach dem Ansäuern mit Essigsäure oder Salpetersäure Bleisulfat,[1] weiss, pulverig (Unterschied von Kieselfluorwasserstoffsäure).

Formel:

Das Bleisulfat ist in Natronlauge, sowie in einer Mischung von Ammoniumtartrat und Ammoniak löslich. Die Lösung giebt

a) nach Zusatz von Kaliumchromat beim Ansäuern mit Essigsäure einen gelben Niederschlag von $PbCrO_4$;
b) mit Schwefelwasserstoff einen schwarzen Niederschlag von PbS.

Auch in Natriumthiosulfat löst sich das Bleisulfat. Beim Kochen mit concentrirter Salzsäure geht Bleisulfat in Chlorblei über, welches sich beim Erkalten der Lösung in nadelförmigen Krystallen ausscheidet.

---

[1] In Salpetersäure ist das Bleisulfat viel leichter löslich als in Wasser; es löst sich z. B. 1 Th. $PbSO_4$ in 172 Th. Salpetersäure vom spec. Gew. 1,144 (entsp. 21 Gew.-Proc. HNO_3). In verdünnter Schwefelsäure ist Bleisulfat noch schwerer löslich als in Wasser, in concentrirter Schwefelsäure dagegen löst es sich reichlicher auf.

2. Kieselfluorwasserstoffsäure.

(*Kieselfluormetalle* M'_2SiFl_6 oder $SiFl_4,2M'Fl$.)

Die meisten Kieselfluormetalle sind in Wasser löslich; schwerlöslich ist *Kieselfluorkalium*, unlöslich *Kieselfluorbaryum*.

Vorprüfung: a) Beim Erhitzen für sich im Glühröhrchen entweicht *Fluorsilicium*, erkennbar durch Wasser am befeuchteten Glasstab (*Unterschied von Fluormetallen*) z. B.:

$$K_2SiFl_6 = 2KFl + SiFl_4.$$

b) Beim Erhitzen mit concentrirter Schwefelsäure im Probirglas entweicht Fluorsilicium. (Vergl. 1, c, S. 16.)

In Lösungen, welche Kieselfluorwasserstoffsäure oder Kieselfluormetalle enthalten, erzeugen:

1) *Chlorbaryum* einen weissen krystallinischen Niederschlag von Kieselfluorbaryum, der sich nach dem Kochen rasch zu Boden setzt; in Salzsäure ist der Niederschlag unlöslich.

Formel:

Kieselfluorbaryum lässt sich leicht von Baryumsulfat unterscheiden und *neben* Baryumsulfat an seiner charakteristischen Krystallform unter dem Mikroskop erkennen.

2) *Kaliumsalze* in nicht zu verdünnten Lösungen einen in kaltem Wasser schwerlöslichen, amorphen, durchscheinenden Niederschlag von Kieselfluorkalium.

Formel:

3) Im Platintiegel oder Bleischälchen mit concentrirter Schwefelsäure übergossen entweicht Fluorwasserstoff *und* Fluorsilicium. (Vergl. 1, S. 111.)

Gruppe V.

Säuren, welche aus *essigsaurer* Lösung durch *Chlorcalcium* gefällt werden.

(*Schwefelsäure,*[1] *Fluorwasserstoffsäure, Oxalsäure.*)

Fluorwasserstoff.

(*Flusssäure.*)

Die Fluoralkalien sind in Wasser leicht löslich, die übrigen Fluormetalle schwerlöslich oder unlöslich.

Vorprüfung: Mit concentrirter Schwefelsäure im Probirglas erhitzt, entsteht Fluorsilicium. Das entweichende Gas erzeugt an einem mit *Wasser* befeuchteten Glasstab eine gallertartige Ausscheidung von Kieselsäure.

Zunächst entsteht Fluorwasserstoff, welcher auf die Kieselsäure des Glases einwirkt, z. B.:

$$CaFl_2 + H_2SO_4 = CaSO_4 + 2FlH$$
$$4FlH + SiO_2 = SiFl_4 + 2H_2O.$$

(Das Wasser wird von der conc. Schwefelsäure zurückgehalten, das Fluorsilicium entweicht.)

$$3SiFl_4 + 3H_2O = H_2SiO_3 + 2H_2SiFl_6.$$

1) Mit concentrirter Schwefelsäure im Platintiegel oder Bleischälchen übergossen, entwickeln die Fluormetalle *nur* Fluorwasserstoff, welcher Glas ätzt.

Die ätzende Wirkung des Fluorwasserstoffs lässt sich leicht folgendermassen nachweisen. Man überzieht einen Glasscherben mit einer dünnen Wachsschicht und legt das Glas durch Einzeichnen von Schriftzügen an einzelnen Stellen wieder bloss. Hierauf bedeckt man das Gefäss, in welchem sich der Fluorwasserstoff entwickelt, mit dem Glasscherben und setzt denselben einige Zeit der Einwirkung des Gases aus.

2) In den wässrigen Lösungen der Fluoralkalien erzeugen *Chlorcalcium, Chlorbaryum, Bleiacetat,* sowie die Salze anderer Schwermetalle Niederschläge; dieselben entstehen auch bei Gegenwart von freier Essigsäure.

---

[1] Siehe S. 108.

Oxalsäure.

$C_2O_4H_2 = (COOH)_2$.

Die oxalsauren Salze (Oxalate) der Alkalien und das Eisenoxydsalz sind in Wasser löslich, auch einige Doppelsalze der Schwermetalle mit den Alkalien u. s. w., die übrigen lösen sich in Säuren.

Vorprüfung: a) Beim Erhitzen im Glühröhrchen: Kohlenoxyd; die Oxalate der *Schwermetalle* und freie Oxalsäure entwickeln zugleich Kohlensäure.

b) Beim Erwärmen mit concentrirter Schwefelsäure: Kohlenoxyd *und* Kohlensäure; *ohne* Abscheidung von Kohle.

1) *Kalkwasser*, Chlorcalcium und andere lösliche Kalksalze, auch *Gypswasser*, fällen Calciumoxalat, weiss, pulverig:

$$C_2O_4K_2 + CaSO_4 = C_2O_4Ca + K_2SO_4.$$

Der Niederschlag ist in Essigsäure *unlöslich* (Unterschied von Kohlensäure und Weinsäure), in Mineralsäuren löslich.

Aus wässrigen Lösungen der Oxalate fällen:

2) *Silbernitrat* weisses Silberoxalat, das sich beim Kochen nicht schwärzt.

Der Niederschlag ist in Salpetersäure leicht löslich, in Essigsäure unlöslich.

Formel:

3) *Bleiacetat* weisses Bleioxalat, aus sauren Lösungen jedoch erst nach Zusatz von *Natriumacetat.*

Der Niederschlag ist in Salpetersäure löslich, in Essigsäure und in Natronlauge unlöslich.

Formel:

Auch die löslichen Salze der meisten anderen Schwermetalle erzeugen in wässrigen Lösungen der Oxalate Niederschläge, welche in Säuren mehr oder weniger löslich sind.

4) Fügt man zu der mit verdünnter Schwefelsäure versetzten Lösung eines Oxalats *Chamäleonlösung*, so verschwindet die rothe Färbung beim Erwärmen:

$$2KMnO_4 + 5C_2H_2O_4 + 3H_2SO_4 = K_2SO_4 + 2MnSO_4 + 10CO_2 + 8H_2O.$$

Von den nur in Säuren löslichen Oxalaten können die Basen — sofern sie nicht als Schwefelmetalle in saurer Lösung gefällt werden — durch Kochen mit einer conc. Lösung von Natriumcarbonat getrennt werden. (Vergl. S. 41.)

Gruppe VI.

Säuren, welche aus *essigsaurer* Lösung durch *Eisenchlorid* gefällt werden.

(*Phosphorsäure, Arsensäure, Ferrocyanwasserstoff.*[1])

Phosphorsäure.[2]

In Wasser sind nur die Alkaliphosphate löslich; die übrigen Phosphate lösen sich in Säuren.

Vorprüfung: a) *fahlgrüne* Flammenfärbung nach dem Befeuchten mit concentrirter Schwefelsäure;

b) mit *Kobaltlösung* auf Kohle geglüht, geben die Alkaliphosphate blaugefärbte Gläser, die Phosphate der alkalischen Erden blaue unschmelzbare Massen.

Aus den Lösungen der Phosphate fällen:

1) *Magnesiamixtur* (vergl. S. 77 unten) weisses, krystallinisches Magnesiumammoniumphosphat $MgNH_4PO_4$.

Der Niederschlag ist in Säuren leicht löslich, entsteht daher nur in neutralen und alkalischen Lösungen. Ist die zu untersuchende Lösung sauer, so lässt sich in derselben vorhandene Phosphorsäure nur dann mit Magnesiamixtur nachweisen, wenn die Lösung beim Neutralisiren mit Ammoniak *klar* bleibt.

Formel:

[1] Siehe S. 121.

[2] Die Phosphorsäure bildet drei Reihen von Salzen: *Normale* Phosphate M'_3PO_4 und *saure* Salze:

M'_2HPO_4, welche beim Glühen in *Pyrophosphate* $M'_4P_2O_7$

$M'H_2PO_4$, welche beim Glühen in *Metaphosphate* $M'PO_3$

übergehen.

2) *Eisenchlorid* Eisenoxydphosphat, aus *sauren* Lösungen jedoch erst nach Zusatz von *Natriumacetat.*

Der Niederschlag ist unlöslich in Essigsäure, löslich in Mineralsäuren, in überschüssigem Eisenchlorid, in Eisenoxydacetat und bei unvollständiger Fällung auch in Ammoniak.

Formel:

3) *Bleiacetat* Bleiphosphat, aus *sauren* Lösungen, jedoch erst nach Zusatz von *Natriumacetat.*

Der Niederschlag ist unlöslich in Essigsäure und Ammoniak, löslich in Salpetersäure, in Kali- und Natronlauge.

Formel:

4) *Spuren* von Phosphorsäure lassen sich in sauren Lösungen durch Zusatz von (nicht zu wenig) *Ammoniummolybdat* und Erwärmzn erkennen. Der gelbe, körnige Niederschlag ist in Säuren — mit Ausnahme der Phosphorsäure — unlöslich, er entsteht daher nur in verdünnten Lösungen der Phosphate. Ammoniak, Kali- und Natronlauge lösen den Niederschlag auf; aus diesen Lösungen fällt Magnesiamixtur Magnesiumammoniumphosphat.

Arsensäure zeigt dasselbe Verhalten. Auch Kieselsäure wird durch Ammoniummolybdat gefällt, die Lösung des Niederschlags in Ammoniak giebt jedoch mit Magnesiamixtur keinen krystallinischen Niederschlag.

5) Die wässrigen Lösungen der Alkaliphosphate werden durch *Calcium-* und *Baryumsalze* (weiss), durch *Silbernitrat* (gelb) gefällt u. s. w.

Formel:

Anm. Die *Basen* der nur in Säuren löslichen Phosphate *sind* — sofern sie nicht als Schwefelmetalle in saurer Lösung gefällt werden — *von der Phosphorsäure* folgendermassen zu *trennen.* Zu der Lösung des Phosphats in wenig Salzsäure fügt man Natriumacetat und hierauf Eisenchlorid bis zur röthlichen Färbung. Erhitzt man die Lösung zum Sieden, so scheidet sich alle Phosphorsäure und alles Eisen aus; das farblose Filtrat enthält die gesuchten Basen als Chloride. (Vergl. S. 41 und 42, bezügl. der *Thonerde* S. 47.)

Arsensäure

und arsenige Säure werden in saurer Lösung von *Schwefelwasserstoff* in *Arsentrisulfid* übergeführt, erstere bei genügend langer Einwirkung von H_2S in der Wärme. Daher wird die Gegenwart der arsenigen Säure und Arsensäure bei Aufsuchung der *Basen* erkannt. (Vergl. S. 76ff.)

Die Arsensäure zeigt in ihrem übrigen Verhalten grosse Aehnlichkeit mit der Phosphorsäure.

Gruppe VII.

Säuren, welche aus *salpetersaurer* Lösung durch *Silbernitrat* gefällt werden.

(*Chlor-*, *Brom-*, *Jod-*, *Cyan-*, *Ferrocyan-*, *Schwefelwasserstoff*,[1] *salpetrige Säure.*[2])

1. Chlorwasserstoff oder Salzsäure.

(*Chloride $M'Cl$*).

Die Chloride sind mit Ausnahme des Chlorsilbers und Quecksilberchlorürs in Wasser löslich; Chlorblei ist in kaltem Wasser schwer (in etwa 100 Thln.), in kochendem Wasser leichter (in etwa 25 Thln.) löslich.[3]

Vorprüfung: Beim Uebergiessen mit concentrirter Schwefelsäure im Probirglas entweicht Salzsäuregas, welches an der Luft raucht; an dem mit Silbernitratlösung befeuchteten Glasstab entsteht ein käsiger Niederschlag. Ueber das Verhalten der Chloride des Silbers und Quecksilbers vgl. S. 15.

1) In den Lösungen der Chloride entsteht ein Niederschlag auf Zusatz von

a) *Silbernitrat*. Der weisse, käsige Niederschlag $AgCl$ färbt sich am Licht dunkler, ist *unlöslich in Salpetersäure*, löslich in Ammoniak, Cyankalium und Natriumthiosulfat.

Formel:

[1] Siehe S. 95. [2] Siehe S. 104.

[3] In Salzsäure ist Chlorblei leichter löslich; 1 Th. $PbCl_2$ löst sich in 7 Th. conc. Salzsäure von gewöhnlicher Temperatur.

b) *salpetersaurem Quecksilberoxydul.* Der weisse Niederschlag $HgCl$ wird durch Ammoniak schwarz. (Vergl. 4) S. 67) Chlorwasser löst den Niederschlag.

Formel:

c) *Bleiacetat:* weiss. Aus der Lösung des Niederschlags in heissem Wasser scheidet sich das $PbCl_2$ beim Erkalten in Form von Krystallnadeln wieder ab. In Ammoniak ist Chlorblei unlöslich.

Formel:

2) Erwärmt man Chloride in fester Form mit *Kaliumchromat* und *concentrirter Schwefelsäure,* so entwickeln sich rothbraune Dämpfe von *Chlorchromsäure,* die sich zu einer dunkelbraunen Flüssigkeit verdichten. Leitet man die Dämpfe in Ammoniak, so färbt sich die Flüssigkeit unter Bildung von Ammoniumchromat gelb (Unterschied von Bromiden und Jodiden):

$$4KCl + K_2Cr_2O_7 + 6H_2SO_4 = 2CrO_2Cl_2 + 6KHSO_4 + 3H_2O$$

$$CrO_2Cl_2 + 4NH_4OH = (NH_4)_2CrO_4 + 2NH_4Cl + 2H_2O.$$

3) Mit *Braunstein* oder andern Oxydationsmitteln und *Schwefelsäure* erwärmt, entwickeln die Chloride *Chlor.*

Fängt man das freiwerdende Chlor in einem Probirglas, in welchem sich etwas mit verdünnter Indiglösung schwach blau gefärbtes Wasser befindet, auf, so wird beim Umschütteln nach dem Verschliessen der Oeffnung des Probirglases mit dem Daumen die Flüssigkeit entfärbt.

2. Bromwasserstoff.

(*Bromide M'Br*).

Die Bromide sind mit Ausnahme des Bromsilbers, Quecksilberbromürs und Brombleis, welche sich wie die entsprechenden Chlorverbindungen verhalten, in Wasser leicht löslich.

Vorprüfung: Beim Erwärmen mit *concentrirter Schwefelsäure* im Probirglas entweichen neben Bromwasserstoff schwere rothbraune Dämpfe von Brom, welche mit Wasser befeuchtetes Stärkemehl orangegelb färben. (Vgl. S. 15.)

1) In den Lösungen der Bromide entsteht ein Niederschlag auf Zusatz von:

a) *Silbernitrat.* Der gelblich weisse Niederschlag $AgBr$ verhält sich wie Chlorsilber (vergl. S. 115), in Ammoniak ist $AgBr$ jedoch schwer löslich.

Formel:

b) *salpetersaurem Queoksilberoxydul.* Der gelblich weisse Niederschlag $HgBr$ löst sich in Chlorwasser unter Abscheidung von Brom.

Formel:

c) *Bleiacetat.* Der weisse Niederschlag $PbBr_2$ ist in Wasser schwer, in Salpetersäure leichter löslich.

Formel:

2) *Freies Chlor*, ein Gemisch von *chromsaurem Kali* und *Schwefelsäure* sowie andere Oxydationsmittel — nicht aber salpetrige Säure — scheiden *Brom* aus den Lösungen der Bromide ab. Ueberschichtet man eine solche mit etwas *Schwefelkohlenstoff* und fügt hierauf nach dem Ansäuern mit Salz- oder Schwefelsäure einige Tropfen einer Lösung von *Natriumhypochlorit* hinzu, so löst beim Umschütteln der Schwefelkohlenstoff das freigewordene Brom mit gelber oder gelbbrauner Farbe auf:

$$2NaBr + NaOCl + 2HCl = 2Br + 3NaCl + H_2O.$$

Ein Ueberschuss von Natriumhypochlorit ist zu vermeiden, weil derselbe die Bildung von *Bromsäure* veranlasst.

$$NaBr + 3NaOCl + HCl = HBrO_3 + 4NaCl.$$

3. Jodwasserstoff.

(*Jodide M'J*).

Die Jodide des Silbers und Quecksilbers sind in Wasser unlöslich; Jodblei ist in kaltem Wasser kaum, in heissem etwas löslich.

Vorprüfung: Beim Erwärmen mit *concentrirter Schwefelsäure* im Probirglas entwickeln sich neben Jodwasserstoff violette Dämpfe. Das beim Erkalten sich verdichtende Jod löst sich ganz oder theilweise in dem *HJ* mit brauner Farbe auf. (Vergl. S. 15.)

1) In den Lösungen der Jodide entsteht ein Niederschlag auf Zusatz von:

a) *Silbernitrat.* Der gelbliche Niederschlag *AgJ* verhält sich wie Chlorsilber, vergl. S. 115; in Ammoniak ist *AgJ* jedoch unlöslich.

Formel:

b) *salpetersaurem Quecksilberoxyd.* Der zinnoberrothe Niederschlag HgJ_2 ist unlöslich in verdünnter Salpetersäure, löslich in Jodkalium und in überschüssigen Quecksilberoxydsalz.

Formel:

c) *salpetersaurem Quecksilberoxydul.* Der graugrüne Niederschlag *HgJ* wird von verdünnter Salpetersäure in der Kälte nicht gelöst, beim Erwärmen in Quecksilberjodid und -oxydulnitrat verwandelt:

$$2 HgJ + 2 HNO_3 = HgJ_2 + HgNO_3 + NO_2 + H_2O.$$

d) *Bleiacetat.* Der gelbe Niederschlag PbJ_2 wird von verdünnter Salpetersäure in der Kälte nicht angegriffen, beim Erwärmen unter Abscheidung von Jod zersetzt.

Formel:

2) *Salpetrige Säure, freies Chlor, Brom* und *andere Oxydationsmittel* scheiden Jod aus den Lösungen der Jodide ab. Ueberschichtet man eine solche mit etwas Schwefelkohlenstoff und setzt nach dem Ansäuern einige

Tropfen einer Lösung von *Kaliumnitrit* hinzu, so löst der Schwefelkohlenstoff beim Umschütteln das frei gewordene Jod mit *violetter* Farbe.

Formel:

Bei Anwendung von Chlorwasser oder Natriumhypochlorit und Salzsäure ist dieselbe Vorsicht, wie beim Nachweis des Broms nöthig. (Vergl. S. 117.)

3) Der *empfindlichste Nachweis der Jodide* beruht auf der *Blaufärbung*, welche freies *Jod* mit *Stärke* giebt. Man versetzt die zu untersuchende Lösung mit Stärkekleisterwasser und etwas *salpetrige Säure enthaltenden* Salpetersäure oder fügt zu der mit Stärkekleisterwasser versetzten Lösung einige Tropfen einer *Kaliumnitritlösung* und *Essigsäure*. Die Blaufärbung entsteht nicht in *alkalischen* Lösungen und verschwindet durch freies Chlor, sowie beim Erwärmen.

4. Cyanwasserstoff oder Blausäure.

HCN oder *HCy*.

(Sehr giftig, Vorsicht!)

Die Cyanide der Metalle der Alkalien und der alkalischen Erden und das Quecksilbercyanid sind in Wasser löslich.

Die Cyanide der Schwermetalle lösen sich in Cyankalium zu Doppelcyaniden (z. B. *AgCy, KCy*) auf. Aus diesen Lösungen werden durch *Alkalien* und *Alkalicarbonate* die Metalle *nicht* gefällt, durch *Schwefelwasserstoff* bezw. *Schwefelammonium* werden Kupfer, Eisen und Kobalt *nicht*, Mangan, Nickel und Zink *nur schwierig* als Schwefelmetalle abgeschieden. Die wässrigen Lösungen der Cyanide werden durch Säuren — auch durch Kohlensäure — unter Freiwerden von Blausäure zersetzt (**Vorsicht!**).

Vorprüfung: a) Im *Glühröhrchen* erhitzt, entwickeln die Cyanide der edeln Metalle mit röthlicher Flamme brennbares *Cyan*, die Cyanide der anderen Schwermetalle *Stickstoff* unter Abscheidung von Kohlenstoff und Metall. Die Cyanide der Alkalimetalle werden durch Glühen *nicht* zersetzt.

b) Beim Erwärmen mit *concentrirter Schwefelsäure* im Probirglas entweicht *Kohlenoxyd.*

1) *Silbernitrat* erzeugt in nur wenig freie Salpetersäure enthaltenden Lösungen einen weissen käsigen Niederschlag von $AgCy$, löslich in Cyankalium, Ammoniak, Natriumthiosulfat und concentrirter Salpetersäure.

Formel:

Wird der Niederschlag mit concentrirter Salzsäure erwärmt, so tritt der Geruch nach Blausäure auf. (Unterschied von Chlor-, Brom- und Jodsilber.)

NB. *Quecksilbercyanid wird durch Silbernitrat nicht gefällt.*

2) Fügt man zu den Lösungen der Cyanide Natronlauge sowie einige Tropfen einer *Eisenvitriollösung* und erwärmt, so entsteht nach Zusatz von Eisenchlorid beim Ansäuern mit Salzsäure ein *blauer* flockiger Niederschlag:

$$FeSO_4 + 2NaOH = Fe(OH)_2 + Na_2SO_4$$
$$Fe(OH)_2 + 6KCy = FeCy_2, 4KCy + 2KOH.$$

Das entstandene Ferrocyankalium setzt sich mit dem Eisenchlorid zu Berlinerblau um. (Vergl. S. 54.)

3) Ein anderer empfindlicher Nachweis der Cyanide beruht auf der Umwandlung derselben in Schwefelcyanmetalle (Rhodanide). Man dampft die zu untersuchende Lösung mit gelbem Schwefelammonium auf dem Wasserbad zur Trockne, zieht den Rückstand mit Wasser aus und versetzt die Lösung mit Salzsäure und einem Tropfen Eisenchlorid. Die Lösung färbt sich, auch wenn nur Spuren von Cyanverbindungen in der ursprünglichen Lösung vorhanden waren, kirschroth:

$$KCN + (NH_4)_2S_2 = KCNS + (NH_4)_2S$$
$$12KCNS + FeCl_3 = Fe(CNS)_3, 9KCNS + 3KCl.$$

5. Ferrocyanwasserstoffsäure.

(Ferrocyanmetalle $M'_4FeCy_6 = 4M'Cy, FeCy_2$).

Die Ferrocyanide, welche nur die Metalle der Alkalien oder alkalischen Erden enthalten, sind (mit Ausnahme des Ferrocyanbariums) in Wasser leicht löslich,[1] diejenigen, welche Schwermetalle enthalten, in Wasser und verdünnten Säuren unlöslich und oft von charakteristischer Farbe.

Vorprüfung: Mit *concentrirter Schwefelsäure* im Probirglas erhitzt, entwickelt sich Kohlenoxyd (vergl. S. 18).

1) Beim Erwärmen mit verdünnter Schwefelsäure verlieren die löslichen Ferrocyanmetalle die Hälfte des Cyans als *Blausäure* (**Vorsicht!**):

$$2K_4FeCy_6 + 3H_2SO_4 = 6HCy + K_2Fe_2Cy_6 + 3K_2SO_4.$$

2) In den angesäuerten Lösungen der Ferrocyanmetalle entsteht ein Niederschlag auf Zusatz von

a) *Silbernitrat.* Der weisse Niederschlag Ag_4FeCy_6 ist unlöslich in verdünnter Salpetersäure und Ammoniak, löslich in Cyankalium:

$$K_4FeCy_6 + 4AgNO_3 =$$

b) *Kupferoxydsalzen.* Der braunrothe Niederschlag Cu_2FeCy_6 ist in verdünnten Säuren unlöslich:

$$K_4FeCy_6 + 2CuSO_4 =$$

c) *Eisenoxydsalzen.* Der dunkelblaue Niederschlag $Fe_4(FeCy_6)_3$ (Berlinerblau) ist in verdünnten Säuren unlöslich; Alkalien zersetzen den Niederschlag unter Bildung von Eisenoxydhydrat und dem entsprechenden Ferrocyanid:

$$3K_4FeCy_6 + 4FeCl_3 =$$
$$Fe_4(FeCy_6)_3 + 12KHO =$$

[1] Das Doppelsalz $K_2CaFeCy_6$ ist schwer löslich.

d) *Eisenoxydulsalzen.* Der Niederschlag $K_2Fe(FeCy_6)$ ist, wenn das Eisenoxydulsalz ganz frei von Oxydsalz ist, weiss, wird aber an der Luft rasch blau:

$$K_4FeCy_6 + FeSO_4 =$$

Anmerk. Das in der Ferrocyanwasserstoffsäure enthaltene Eisen wird durch Schwefelammonium u. s. w. *nicht* gefällt. (Vergl. S. 54.)

Gruppe VIII.

Säuren, welche durch die vorgenannten Gruppenreagentien *nicht* erkannt werden.

(*Essigsäure, Weinsäure.*)

1. Essigsäure.

$$C_2H_4O_2 = CH_3COOH.$$

Die essigsauren Salze (Acetate) sind grössentheils in Wasser löslich; unlöslich sind: die basischen Salze des Eisens und Kupfers (Grünspan), so wie das Doppelsalz von Kupferacetat mit Kupferarsenik (Schweinfurter Grün).

Vorprüfung: Beim Erhitzen im Glühröhrchen
- a) für sich: brennbare Dämpfe.
- b) mit arseniger Säure: *Kakodyloxyd.*

Beim Erwärmen im Probirglas
- c) mit concentrirter Schwefelsäure: Dämpfe von Essigsäure,
- d) mit concentrirter Schwefelsäure *und* Alkohol: *Essigäther.*

1) Fügt man zu der kalten wässrigen Lösung eines Acetats *Eisenchlorid* (welches keine *freie* Salzsäure enthalten darf), so färbt sich die Lösung *bluthroth* infolge der Bildung von *Eisenoxydacetat:*

$$3NaC_2H_3O_2 + FeCl_3 = Fe(C_2H_3O_2)_3 + 3NaCl.$$

Auf Zusatz von Salzsäure wird die Lösung gelb.

Erwärmt man die (nicht mit Salzsäure versetzte) blutrothe Lösung des Eisenoxydacetats zum Sieden, so bildet sich ein rostbrauner Niederschlag von basischen Eisenoxydacetaten:

$$Fe(C_2H_3O_2)_3 + H_2O = Fe(OH)(C_2H_3O_2)_2 + C_2H_4O_2$$
$$Fe(C_2H_3O_2)_3 + 2H_2O = Fe(OH)_2(C_2H_3O_2) + 2C_2H_4O_2.$$

Enthält die Lösung überschüssiges essigsaures Salz, so wird beim Kochen derselben alles Eisen gefällt und die überstehende Flüssigkeit farblos.

2) Wässrige Lösungen der Acetate werden durch *Kalkwasser-*, *Calcium-*, *Baryum-* und *Bleisalze* nicht gefällt; *Silbernitrat* erzeugt nur in concentrirten Lösungen einen krystallinischen Niederschlag, der sich beim Erwärmen auflöst.

2. Weinsäure.

$$C_4H_6O_6 = C_2H_2(OH)_2(COOH)_2.$$

Die neutralen weinsauren Salze der Alkalien $M'_2C_4H_4O_6$ (Tartrate) sind in Wasser löslich, die sauren weinsauren Salze $M'C_4H_5O_6$ (Bitartrate) der Alkalien mit Ausnahme des Natriumbitartrats in Wasser schwer, in Säuren leicht löslich. Die weinsauren Salze der alkalischen Erde sind in kaltem Wasser schwer, in heissem etwas leichter löslich, die der Schwermetalle sind mit Ausnahme gewisser Doppelsalze in Wasser grösstentheils unlöslich, in Säure löslich.

Anmerk. Die löslichen Doppelsalze der Weinsäure, welche Kupfer, Eisen oder Aluminium und Alkalien enthalten, sind besonders zu beachten, insofern als aus ihren Lösungen die genannten Metalle durch Ammoniak, Kali- und Natronlauge *nicht* gefällt werden.

Vorprüfung: a) Beim Erhitzen im Glühröhrchen: Zersetzung unter Abscheidung von *Kohle* und brenzlich riechenden Dämpfen.

b) Beim Erwärmen mit concentrirter Schwefelsäure: *Schwärzung* unter Entwickelung schwefliger Säure und brennbarer Gase.

1) Fügt man zu der Lösung eines Tartrats *Kalilauge* und hierauf tropfenweise Salzsäure, so entsteht ein krystallinischer Niederschlag von Kaliumbitartrat (Weinstein). In verdünnten Lösungen entsteht der Niederschlag allmählich oder erst auf Zusatz von Alkohol. (Weinstein löst sich in etwa 200 Thl. Wasser, in etwa 400 Thl. 10proc. Alkohol u. s. w.)

$$C_4H_6O_6 + KOH = KC_4H_5O_6 + H_2O.$$

Das Kaliumbitartrat wird

a) durch überschüssige Kalilauge in *leicht lösliches* Kaliumtartrat

$$KC_4H_5O_6 + KHO = K_2C_4H_4O_6 + H_2O,$$

b) durch Salzsäure in *leicht lösliche* Weinsäure übergeführt:

$$KC_4H_5O_6 + HCl = C_4H_6O_6 + KCl.$$

Die Reagentien sind daher so zu bemessen, dass sich das Kaliumbitartrat bilden kann.

NB. Die Fällung wird durch die Gegenwart selbst geringer Mengen Borsäure verhindert.

In den wässrigen Lösungen der Tartrate erzeugen:

2) *Kalkwasser* und lösliche Kalksalze (mit Ausnahme von Gipswasser) einen weissen Niederschlag von Calciumtartrat, löslich in Säuren, auch Weinsäure, sowie in Chlorammonium und den Alkalien.

Calciumtartrat löst sich in etwa 2000 Th. Wasser; der Niederschlag entsteht daher nicht in sehr verdünnten Lösungen.

Formel:

Die Lösung des Calciumtartrats in Kali- oder Natronlauge trübt sich beim Kochen; beim Erkalten wird sie wieder klar.

3) *Silbernitrat* in der Kälte weisses Silbertartrat, löslich in Salpetersäure und Ammoniak.

Formel:

Löst man den Niederschlag in *möglichst wenig* Ammoniak und erwärmt hierauf die Lösung zum Sieden, so scheidet sich das Silber als Spiegel an den Wänden des Probirglases ab.

Anhang.

Die Reagentien.

Von den Körpern, welche als Reagentien dienen, sind einige bei gewöhnlicher Temperatur gasförmig oder flüssig, die meisten fest.

Die *festen* Reagentien kommen theils ungelöst (Vorprüfung, Aufschliessung), theils in Lösung, und zwar in der Regel in wässriger Lösung zur Verwendung.

Die *flüssigen* Reagentien werden meistens mit Wasser verdünnt, einzelne auch unverdünnt benutzt.

Die *gasförmigen* Reagentien gelangen in wässriger Lösung zur Anwendung. Es ist daher z. B. unter *Salzsäure* immer eine Lösung von HCl in Wasser, unter Ammoniak immer eine Lösung von NH_3 in Wasser u. s. w. zu verstehen.[1]

Es ist zweckmässig die Lösungen der Reagentien in *bestimmten Concentrationsverhältnissen* herzustellen (vergl. S. 128). Diejenigen Reagentien, welche sich in Lösungen allmählich zersetzen (wie Cyankalium) werden in fester Form verwahrt und unmittelbar vor dem Gebrauch aufgelöst. Nur einige wenige Reagentien, welche in Wasser und anderen Lösungsmitteln unlöslich sind (wie Bleisuperoxyd), kommen auch bei der Analyse auf nassem Wege in fester Form zur Anwendung.

[1] Nur der in Wasser wenig lösliche *Schwefelwasserstoff* wird oft gasförmig angewendet, indem man ihn direct in die zu untersuchende Lösung einleitet.

Aus dem Vorstehenden ergiebt sich, dass die zur chemischen Analyse erforderlichen Reagentien eingetheilt werden können in solche, welche

1) *in ihrer natürlichen Form*
   a) fest,
   b) flüssig,
2) *in Lösungen*

zur Verwendung kommen.

Zusammenstellung der Reagentien.

1) Reagentien in natürlicher Form.

a) Feste Körper.

Arsenige Säure .	As_2O_3	Natriumcarbonat	
Bleisuperoxyd . .	PbO_2	a) krystallisirt (Soda)	$Na_2CO_3, 10aq$
Braunstein . . .	MnO_2	b) entwässert . .	Na_2CO_3
Cyankalium . . .	KCy	Nitroprussidnatrium	
Diphenylamin		Phosphorsalz	$Na(NH_4)HPO_4, 4aq$
Eisen[1]	Fe	Salpeter . . .	KNO_3
Eisenvitriol . .	$FeSO_4, 7aq$	Schwefel	S
Ferricyankalium	$K_6Fe_2Cy_{12}$	Stärke	
Fluorammonium .	NH_4Fl	Schwefelcyankalium	$KCyS$
Harnstoff . . .	$CO(NH_2)_2$	Tannin (Gerbsäure)	
Jodkalium	KJ	Zink	Zn
Kaliumchlorat . .	$KClO_3$	a) granulirt	
Kaliumdichromat	$K_2Cr_2O_7$	b) in Stangen.	
Kalkhydrat . .	$Ca(OH)_2$		

b) flüssige Körper:

Aether,
Alkohol,
Schwefelkohlenstoff.

[1] Zum Nachweis des Kupfers (vergl. 7, S. 72) zweckmässig in Form zerbrochener Stricknadeln.

2) Reagentien in Lösungen.

	In Lösung befindet sich
Ammoniak . . .	NH_3
Ammoniumcarbonat	$(NH_4)_2CO_3$
a) verdünnt	
b) concentrirt	
Ammoniummolybdat (vergl. 2) S. 133)	
Barytwasser . .	$Ba(OH)_2$
Baryumnitrat .	$Ba(NO_3)_2$
Binatriumphosphat	Na_2HPO_4
Bleiacetat .	$Pb(C_2H_3O_2)_2$
Bromwasser	Br
Chlorammonium .	NH_4Cl
Chlorbaryum . . .	$BaCl_2$
Chlorcalcium . . .	$CaCl_2$
Chlorwasser . . .	Cl
Eisenchlorid . . .	$FeCl_3$
Essigsäure . . .	$C_2H_4O_2$
Ferrocyankalium	K_4FeCy_6
Flusssäure . . .	HFl
Gipswasser . .	$CaSO_4$
Indiglösung (vgl. 4) S. 134)	
Jodlösung	J
Kalilauge	KOH
Kaliumantimoniat	$KSbO_3$
Kaliumbichromat	$K_2Cr_2O_7$
Kaliumcarbonat .	K_2CO_3
Kaliumchromat .	K_2CrO_4
Kaliumnitrit . .	KNO_2
Kaliumpermanganat	$KMnO_4$
Kalkwasser . .	$Ca(OH)_2$
Kieselfluorwasserstoffsäure	H_2SiFl_6
Kobaltlösung . .	$Co(NO_3)_2$

	In Lösung befindet sich
Königswasser (vgl. 5) S. 134)	
Kupfersulfat . .	$CuSO_4$
Magnesiumsulfat .	$MgSO_4$
Natriumacetat	$Na(C_2H_3O_2)$
Natriumcarbonat .	Na_2CO_3
Natriumhypochlorit	$NaOCl$
Natriumhyposulfit	$Na_2S_2O_3$
Natronlauge . .	$NaOH$
Nessler's Reagens (vergl. 8) S. 134)	
Oxalsäure . . .	$C_2H_2O_4$
Platinchlorid . .	H_2PtCl_6
Quecksilberchlorid .	$HgCl_2$
Quecksilberoxydulnitrat	$HgNO_3$
Salpetersäure . .	HNO_3
a) verdünnt	
b) concentrirt	
Salzsäure	HCl
a) verdünnt	
b) concentrirt.	
Schwefelammonium (vergl. 9) S. 134)	$(NH_4)_2S$
Schwefelsäure . .	H_2SO_4
a) verdünnt	
b) concentrirt	
Schwefelwasserstoff .	H_2S
Silbernitrat . .	$AgNO_3$
a) verdünnt	
b) concentrirt	
Strontiumsulfat .	$SrSO_4$
Wasserstoffsuperoxyd	H_2O_2
Weinsäure . . .	$C_4H_4O_6$
Zinnchlorür . . .	$SnCl_2$

Einige Reagentien verändern sich allmählich infolge der Einwirkung der Luft oder des Lichtes.

So nehmen *Ammoniak*, *Natron-* und *Kalilauge* nach und nach *Kohlensäure* aus der Luft auf, Schwefelwasserstoff wird durch den Sauerstoff der Luft unter Abscheidung von Schwefel zu Wasser oxydirt u. s. w.

Silbernitrat, *Chlorwasser*, *Ammoniummolybdat*, *Nessler's Reagens*, schützt man gegen die Einwirkung des Lichtes durch Aufbewahren in Flaschen von gelbbraunem Glase.

Die Concentration der Reagentien.

So weit die Löslichkeitsverhältnisse es gestatten und besondere Gründe es nicht ausschliessen, ist die *Concentration* der Reagentien, welche in Lösung zur Anwendung kommen, den *stöchiometrischen* Verhältnissen angepasst und entspricht Normallösungen, Zweifach-Normallösungen und Halb-Normallösungen.

Normallösungen einbasischer Säuren, einsäuriger Basen und von Salzen, welche sich von einer Molekel einbasischer Säuren ableiten lassen, enthalten im Liter die durch das Molekulargewicht der Substanz ausgedrückte Anzahl Gramme gelöst; Normallösungen zweibasischer Säuren und von Salzen, welche sich von einer Molekel zweibasischer Säuren ableiten lassen, enthalten im Liter die Hälfte der durch das Molekulargewicht der Substanz ausgedrückte Anzahl Gramme gelöst u. s. w. Zweifach-Normallösungen haben die doppelte Concentration der Normallösungen; Halb-Normallösungen die halbe.

Eine besondere Stellung nehmen die oxydirend und reducirend wirkenden Reagentien ein; ihre Stärke ist so bemessen, dass ein Liter der Lösung ($\frac{1}{2}O =$) 8 Gramm Sauerstoff abzugeben oder aufzunehmen vermag.

Nur wenige Reagentien lösen sich in Wasser nicht in den normalen Mengen und müssen daher in verdünnteren Lösungen zur Anwendung gelangen. Die Lösung enthält in diesem Falle von der betreffenden Substanz in der Regel so viel gelöst, wie bei gewöhnlicher Temperatur in Wasser löslich ist, d. h. sie ist *gesättigt.* Für derartige gesättigte Lösungen ist die Bezeichnung *-wasser* gebräuchlich (z. B. Kalkwasser, Bromwasser u. s. w.).[1]

Die *concentrirten Säuren*, welche den Zweck haben, eine Reihe in Wasser unlöslicher Körper in Lösung zu bringen oder wie die Schwefelsäure zur Vorprüfung zu dienen, sind entweder wasserfrei (concentrirte Schwefelsäure) oder gesättigt (concentrirte Salzsäure). Für diejenigen analytischen Operationen, für welche concentrirte Salpetersäure vorgeschrieben ist, genügt ein Gemisch gleicher Gewichtstheile wasserfreier Säure und Wasser.

Nur wenige Reagentien besonderer Art, wie Indiglösung, Nessler's Reagens u. s. w., sowie einige concentrirte Lösungen lassen sich nicht nach den vorstehenden Gesichtspunkten darstellen.

In der folgenden Zusammenstellung, aus welcher die Concentration der Reagenslösungen ersichtlich ist, sind gruppenweise zusammengefasst:

1) Concentrirte Säuren,
2) Normallösungen,
3) Oxydirend und reducirend wirkende Reagentien,
4) Gesättigte Lösungen,
5) Reagentien besonderer Art.

1. Concentrirte Säuren.

	Spec. Gew.	Gew.-Proc.	
Conc. Salzsäure	1.160	31.8	ca. 10fach norm.
Conc. Salpetersäure	1.305	48.1	„ 10fach norm.
Conc. Schwefelsäure	1.840	96.0	„ 36fach norm.

[1] Nur das *„Königswasser“* und das *„Stärkekleisterwasser“* nehmen eine Ausnahmestellung ein.

2. Normallösungen.

a) $^2/_1$ *normal.*

(1 l enthält 2 Mol. Aequival. der Verbindung in g.)

Säuren.

		In 1 l sind zu lösen:
Salzsäure	$2 HCl$	= 73 g
Salpetersäure	$2 HNO_3$	= 126 g
Schwefelsäure	$2 \frac{H_2SO_4}{2}$	= 98 g
Essigsäure	$2 C_2H_4O_2$	= 120 g
Oxalsäure	$2 \frac{C_2H_2O_4, 2aq}{2}$	= 126 g
Weinsäure	$2 \frac{C_4H_6O_6}{2}$	= 150 g
Kieselfluorwasserstoffsäure .	$2 \frac{H_2SiFl_6}{2}$	= 144 g

Alkalien.

		1 l enthält:
Ammoniak	$2 NH_3$	= 34 g
Natronlauge	$2 NaOH$	= 80 g
Kalilauge .	$2 KOH$	= 112 g

Salze.

		1 l enthält:
Schwefelammonium[1]	$2 \frac{(NH_4)_2}{2} S$	= 68 g
Chlorammonium	$2 NH_4Cl$	= 107 g

[1] $^1/_2$ l Ammoniak (sp. Gew. 0,985) ist mit Schwefelwasserstoff durch Einleiten des Gases zu sättigen und hierauf mit $^1/_2$ l Ammoniak von gleicher Concentration zu vermischen. Die Lösung wird sehr bald unter Bildung von mehrfach Schwefelammonium gelb. (Vergl. S. 134.)

	In 1 l sind zu lösen:
Ammoniumcarbonat . . .	$2\frac{(NH_4)_2CO_3}{2} = 96$ g[1]
Natriumcarbonat	$2\frac{Na_2CO_3}{2} = 106$ g
Kaliumcarbonat	$2\frac{K_2CO_3, 2aq}{2} = 174$ g
Natriumacetat . .	$2NaC_2H_3O_2, 3aq = 272$ g

b) $^1/_1$ *normal.*

(1 l enthält 1 Mol. Aequival. des Salzes in g.)

	In 1 l sind zu lösen:
Binatriumphosphat[2] . . .	$\frac{Na_2HPO_4, 12aq}{3} = 119.2$ g
Magnesiumsulfat .	$\frac{MgSO_4, 7aq}{2} = 123.0$ g
Chlorbaryum	$\frac{BaCl_2, 2aq}{2} = 122.0$ g
Chlorcalcium . .	$\frac{CaCl_2 . 6aq}{2} = 109.5$ g
Eisenchlorid	$\frac{Fe_2Cl_6}{6} = 54.2$ g
Bleiacetat .	$\frac{Pb(C_2H_3O_2)_2, 3aq}{2} = 189.5$ g
Kupfersulfat	$\frac{CuSO_4 . 5aq}{2} = 124.8$ g
Kobaltlösung .	$\frac{Co(NO_3)_2 . 6aq}{2} = 145.0$ g
Jodkalium	$KJ = 166.0$ g
Kaliumchromat	$\frac{K_2CrO_4}{2} = 97.2$ g
Ferrocyankalium	$\frac{K_4FeCy_6, 3aq}{4} = 105.5$ g

[1] 80 g käufliches (anderthalb-) Ammoniumcarbonat und $^1/_3$ l Ammoniak (sp. Gew. 0,985) sind zu 1 l zu lösen.

[2] Das Mol. Aequival. ist auf Phosphorsäure bezogen.

c) $^1/_2$ *normal.*

(1 l enthält $^1/_2$ Mol. Aequival. des Salzes in g.)

		1 l enthält:
Platinchlorid	$^1/_2 \frac{PtCl_4, 2HCl}{2}$	= 102.3 g[1]
Silbernitrat .	$^1/_2 AgNO_3$	= 85.0 g[2]
Quecksilberchlorid	$^1/_2 \frac{HgCl_2}{2}$	= 67.8 g
Quecksilberoxydulnitrat .	$^1/_2 HgNO_3$	= 131.0 g[3]
Bariumnitrat . .	$^1/_2 \frac{Ba(NO_3)_2}{2}$	= 65.2 g

3. Oxydirend und reducirend wirkende Reagentien.

(1 l = $^1/_2$ O = 8 g Sauerstoff.)

		1 l enthält:
Kaliumpermangat	$\frac{KMnO_4}{5}$	= 31.6 g
Kaliumbichromat . .	$\frac{K_2Cr_2O_7}{6}$	= 49.2 g
Natriumhypochlorit . .	$\frac{NaOCl}{2}$	= 37.2 g[4]
Wasserstoffsuperoxyd .	$\frac{H_2O_2}{2}$	= 17.0 g
Kaliumnitrit .	$\frac{KNO_2}{2}$	= 42.5 g
Zinnchlorür .	$\frac{SnCl_2, 2aq}{2}$	= 112.5 g

[1] ca. 50 g *Pt* entsprechend.

[2] ca. 50 g *Ag* entsprechend.

[3] Eine haltbare Lösung lässt sich am einfachsten darstellen, indem man auf 100 g Quecksilber 1 l Salpetersäure vom spec. Gew. 1.100 (16.8% HNO_3) bei gewöhnlicher Temperatur einwirken lässt, bis sich alles gelöst hat.

[4] Entspricht etwa der vierfachen Menge eines Chlorkalkes mit 25 Proc. wirksames Chlor.

4. Gesättigte Lösungen.

(*-wasser.*)[1]

	Gew.-Proc.			
Schwefelwasserstoffwasser	ca. 0.45	H_2S,	ca.	$^1/_4$ norm.
Barytwasser	„ 3.2	$Ba(OH)_2$,	„	$^2/_5$ „
Kalkwasser	„ 0.17	$Ca(OH)_2$,	„	$^1/_{22}$ „
Gypswasser	„ 0.20	$CaSO_4$,	„	$^1/_{33}$ „
Chlorwasser	„ 2.75	Cl	„	$^4/_5$ „
Bromwasser	„ 3.23	Br,	„	$^2/_5$ „
Jodlösung[2]	„ 4.55	J,	„	$^2/_5$ „
Strontiumsulfat . . .	„ 0.015	$SrSO_4$		

Anmerkung. Die im Vorstehenden angegebenen Concentrationsverhältnisse der verschiedenen Reagentien lassen sich leicht dem Gedächniss einprägen. Abgesehen von den concentrirten Säuren und den mit „-wasser" bezeichneten Reagentien, deren Concentration besonders zu beachten ist, sind ausser den reducirend und oxydirend wirkenden Reagentien, deren Werth $\pm 8O$ entspricht.

zweifach-normal: die Lösungen der *Säuren*, der *Alkalien*, der *Ammonium-* und *Natriumsalze* (mit Ausnahme des Binatriumphosphats), sowie *Kaliumcarbonat;*

halb-normal: die Lösungen der *Edelmetallsalze* (incl. Quecksilbersalze) und Baryumnitrat;

normal: die *übrigen Reagentien.*

5. Reagentien besonderer Art.

1) **Ammoniumcarbonat conc.** Gesättigte wässrige Lösung von käuflichem Ammoniumcarbonat.

2) **Ammoniummolybdat.** Die Lösung von 150 g Ammoniummolybdat in 1 l Wasser ist in 1 l Salpetersäure vom spec. Gew. 1.2 (33% HNO_3) zu giessen. Die Lösung enthält etwa 6% Molybdänsäure.

---

[1] Königswasser, vergl. 6) a. f. S.; Stärkekleisterwasser, vergl. 11) S. 135.

[2] Löst man 50 g Jod und 75 g Jodkalium in wenig (ca. 50 cbcm) Wasser und verdünnt hierauf zu einem Liter, so erhält man eine Lösung vom spec. Gew. 1.10, welche 4.55 Gew.-Proc. Jod enthält und mit gesättigtem Bromwasser gleichwerthig ist.

3) **Flusssäure.** Lösung von Fluorwasserstoff in Wasser (mit 32 bis 36% HFl); ist in Flaschen aus Platin oder Guttapercha aufzubewahren.

4) **Indiglösung.** 1 g Indigcarmin (Natriumsalz der Indigodisulfosäure $C_{16}H_8N_2O_2(SO_3Na)_2$ ist in 1 Liter Wasser zu lösen.

5) **Kaliumantimoniat.** Etwa 36 g käufliches Kaliumsalz sind in 1 l Wasser zu lösen.

6) **Königswasser.** Eine stets frisch zu bereitende Mischung von 1 Vol. conc. Salpetersäure und 3 Vol. conc. Salzsäure.

7) **Magnesiamixtur** wird durch Auflösen von 55 g $MgCl_2, 6\,aq$ und 70 g NH_4Cl in 1 l $2^1/_2$ procentigem Ammoniak erhalten ($^1/_2$ normal). Die Lösung darf sich beim Kochen nicht trüben. Vergl. S. 39.

8) **Nessler's Reagens.** In 800 cbcm kochendes Wasser löst man 13 g Quecksilberchlorid und 35 g Jodkalium. Sobald sich der anfangs entstehende Niederschlag wieder gelöst hat, tropft man in die Lösung Halbnormal-Quecksilber-Chloridlösung, bis ein bleibender Niederschlag entsteht und fügt hierauf 160 g Kalihydrat hinzu. Nach dem Verdünnen mit Wasser zu 1 l und Absitzenlassen giesst man die klare Lösung vom Bodensatz ab.

9) **Schwefelammonium (gelbes).** Es sind fünf Verbindungen des Schwefels mit dem Ammonium bekannt, nämlich:

$(NH_4)_2S$ *Einfach-Schwefelammonium*; die Lösung ist *farblos*.

$(NH_4)_2S_2$ \
. . . . . . \
. . . . . . \
$(NH_4)_2S_5$ } *Mehrfach-Schwefelammonium*; die Lösungen sind *gelb* gefärbt.

Die verschiedenen Verbindungsstufen des Mehrfachschwefelammoniums verhalten sich in ihrer Wirkung einander *gleich* und zwar (wenn $x<5$) wie:

$$(NH_4)_2S + xS.$$

Einfach-Schwefelammonium entwickelt mit Säuren *nur* H_2S, aus den Lösungen des Mehrfach-Schwefelammonium wird gleichzeitig S abgeschieden:

$$(NH_4)_2S + 2\,HCl = 2\,NH_4Cl + H_2S$$
$$(NH_4)_2S_x + 2\,HCl = 2\,NH_4Cl + H_2S + (x-1)S.$$

Die farblose Lösung des Einfach-Schwefelammoniums wird in Folge der oxydirenden Einwirkung der Luft und gleichzeitigem Entweichen von Ammoniak gelb:

$$2(NH_4)_2S + O = (NH_4)_2S_2 + 2\,NH_3 + H_2O$$

u. s. w.

Allmählich findet eine weitere Oxydation zu Ammoniumhyposulfit statt:

$$(NH_4)_2S_2 + 3\,O = (NH_4)_2S_2O_3$$

. . . .

$$(NH_4)_2S_5 + 3\,O = (NH_4)_2S_2O_3 + 3\,S.$$

Das Endresultat der Einwirkung der Luft, eine Lösung von Ammoniumhyposulfit, in welcher Schwefel liegt, wird daran kenntlich, dass sich die gelbe Farbe der Lösung wieder verliert; das Produkt ist als Reagens unbrauchbar.

10) **Silbernitrat, conc.** 2 Th. $AgNO_3$ sind in 1 Th. Wasser zu lösen.

11) **Stärkekleisterwasser.** Dasselbe ist zum jedesmaligen Gebrauch frisch zu bereiten am einfachsten in folgender Art. Man füllt ein Probirgläschen etwa zur Hälfte mit destillirtem Wasser und erhitzt zum Kochen. Hierauf verrührt man auf der Innenseite der linken Hand ein Körnchen Stärke mit wenig kaltem Wasser, spritzt die Mischung von der Hand mit der Spritzflasche in das Probirgläschen und kocht auf. Es genügt, wenn das Stärkekleisterwasser 0,001 Stärke enthält.

Die Wahl der Concentration der Reagentien nach stöchiometrischen Verhältnissen hat zur Folge, dass *gleiche Raumtheile* der verschiedenen Normallösungen *einander entsprechen* oder in einem *einfachen Verhältniss* zu einander stehen, dass z. B. ein Raumtheil der verdünnten Säuren durch einen Raumtheil der Alkalien gesättigt, ein Raumtheil der (Normal-) Chlorbaryumlösung durch einen halben Raumtheil der (Zweifach-Normal-) Ammoniumcarbonatlösung gerade ausgefällt wird u. s. w.

Die Kenntniss der Concentration der Reagentien ermöglicht es, ein ungefähres Urtheil über die Mengenverhältnisse zu gewinnen, in denen die einzelnen Bestandtheile in der zu untersuchenden Lösung vorhanden sind.

Atomgewichte der wichtigsten Elemente.

Aluminium *Al* . .	27,0	Kupfer *Cu* . . .	63,2
Antimon *Sb* . . .	119,6	Magnesium *Mg* . .	24,0
Arsen *As* . . .	74,9	Mangan *Mn* . . .	55,0
Baryum *Ba* . . .	136,9	Natrium *Na* . . .	23,0
Blei *Pb*	206,4	Nickel *Ni* . . .	58,6
Bor *B*	10,9	Phosphor *P* . . .	31,0
Brom *Br*	79,8	Quecksilber *Hg* . .	199,8
Calcium *Ca* . . .	39,9	Schwefel *S* . . .	32,0
Chlor *Cl*	35,4	Sauerstoff *O* . .	16,0
Chrom *Cr* . . .	52,0	Silber *Ag* . . .	107,7
Eisen *Fe*	55,9	Silicium *Si* . . .	28,2
Fluor *Fl*	19,0	Stickstoff *N* . . .	14,0
Jod *J*	126,5	Strontium *Sr* . .	87,3
Kadmium *Cd* . .	111,7	Wismuth *Bi* . .	207,5
Kalium *K* . . .	39,0	Zink *Zn*	65,0
Kobalt *Co* . . .	58,7	Zinn *Sn* . . .	118,0
Kohlenstoff *C* . .	12,0		

FSC
www.fsc.org
MIX
Papier | Fördert
gute Waldnutzung
FSC® C083411

Zeitfracht Medien GmbH
Ferdinand-Jühlke-Straße 7
99095 Erfurt, Deutschland
produktsicherheit@kolibri360.de